电力安全工作规程1000题

主　编　程奕梅
副主编　李　鑫　吴　尚　张雪岩
参　编　易　君　李　健　张继伟
　　　　王翟子帅　刘　昊
主　审　王　庶　张慧卿

中国电力出版社
CHINA ELECTRIC POWER PRESS

内 容 提 要

为持续加强《国家电网公司电力安全工作规程》(简称《安规》)贯彻执行，帮助各级安全生产管理人员和一线人员学习、理解、掌握和执行《安规》，编者组织编写了本书，以便贯彻和落实新颁《国家电网公司电力安全工作规程》的各项要求。

本书共7章，内容分别对应于《安规》变电、线路、配电、电网建设、电力监控、电力通信、信息7个部分，以选择题和判断题两种形式给出，每道习题后附有与《安规》对应的条文编号，便于读者对照学习，可作为安全培训和考试命题使用。

本书不仅可作为电网企业员工的安规学习及培训考核、技能考核的题解依据，也可作为培训及考核人员命题使用。

图书在版编目（CIP）数据

电力安全工作规程1000题/程奕梅主编. —北京：中国电力出版社，2021.4

ISBN 978-7-5198-5537-6（2021.7重印）

Ⅰ. ①电… Ⅱ. ①程… Ⅲ. ①电力安全－安全规程－中国－习题集 Ⅳ. ①TM7-44

中国版本图书馆CIP数据核字（2021）第060447号

出版发行：中国电力出版社
地　　址：北京市东城区北京站西街19号（邮政编码100005）
网　　址：http://www.cepp.sgcc.com.cn
责任编辑：宋红梅　董艳荣（010-63412383）
责任校对：黄　蓓　朱丽芳
装帧设计：王红柳
责任印制：吴　迪

印　　刷：北京天宇星印刷厂
版　　次：2021年5月第一版
印　　次：2021年7月北京第二次印刷
开　　本：880毫米×1230毫米　32开本
印　　张：10
字　　数：255千字
印　　数：3001—4500册
定　　价：45.00元

前言

《国家电网公司电力安全工作规程》(简称《安规》)是电力生产现场安全管理最重要的规程，是保证人身、电网、设备和信息系统安全的最基本要求。为持续强化《安规》的刚性执行，帮助各级安全生产管理人员和一线人员认真学习、精准理解、熟练掌握、严格执行《安规》，编者精心组织编写了本书。

本书共分 7 章，分别对应于《安规》变电、线路、配电、电网建设、电力监控、电力通信、信息 7 个部分。习题为选择题和判断题两种形式，变电部分 390 题、线路部分 391 题、配电部分 389 题、电网建设部分 400 题、电力监控部分 165 题、电力通信部分 134 题、信息部分 150 题，习题采用题干、答案和《安规》条款一一对应的方式，便于读者对照学习和巩固提高。本书重在突出了新颁《国家电网公司电力安全工作规程》的知识点，可作为全国电网企业、输变电企业、供电企业、农电企业及电力施工企业等生产人员、运行人员、检修人员和施工人员的安规培训考核、技能考核的题解依据，也可作为培训及考核人员命题使用。

由于经验和水平有限，书中难免存在不妥之处，敬请读者批评指正。

编　者

2021 年 3 月

目录

第一章

国家电网公司电力安全工作规程（变电部分）

第一节 选 择 题

1．雷雨天气，需要巡视室外高压设备时，应穿（　　），并不准靠近避雷器和避雷针。《安规》(变电部分)：5.2.2

A．防护服；B．绝缘靴；C．绝缘手套；D．安全帽。

答案：B

2．地震、台风、（　　）、泥石流等灾害发生时，禁止巡视灾害现场。灾害发生后，如需要对设备进行巡视时，应制定必要的安全措施，得到设备运维管理单位批准，并至少两人一组，巡视人员应与派出部门之间保持通信联络。《安规》(变电部分)：5.2.3

A．山体滑坡；B．火灾；C．洪水；D．雪灾。

答案：C

3．高压设备发生接地时，室内人员应距离故障点（　）以外，室外人员应距离故障点8m以外。进入上述范围人员应穿绝缘靴，接触设备的外壳和构架时，应戴绝缘手套。《安规》(变电部分)：5.2.4

A．3m；B．4m；C．5m；D．6m。

答案：B

4．高压室的钥匙至少应有（　　）把，由运维人员负责保管，按值移交。1把专供紧急时使用，1把专供运维人员使用，其他可以借给经批准的巡视高压设备人员和经批准的检修、施工队伍的工作负责人使用，但应登记签名，巡视或当日工作结束后交还。《安规》(变电部分)：5.2.5

A．6；B．5；C．4；D．3。

答案：D

5．倒闸操作应根据值班调控人员或运维负责人的指令，（　　）复诵无误后执行。发布指令应准确、清晰，使用规范的调度术语和设备双重名称。发令人和受令人应先互报单位和姓名，发布指令的全过程（包括对方复诵指令）和听取指令的报告时应录音并做好记录。操作人员（包括监护人）应了解操作目的和操作顺序。对指令有疑问时应向发令人询问清楚无误后执行。发令人、受令人、操作人员（包括监护人）均应具备相应资质。《安规》（变电部分）：5.3.1

A．受令人；B．发令人；C．接令人；D．监护人。

答案：A

6．倒闸操作可以通过就地操作、（　　）、程序操作完成。遥控操作、程序操作的设备应满足有关技术条件。《安规》（变电部分）：5.3.2

A．逻辑操作；B．技能操作；C．遥控操作；D．指令操作。

答案：C

7．监护操作时，其中一人对设备较为熟悉者作监护。特别重要和复杂的倒闸操作，由熟练的运维人员操作，（　　）监护。《安规》（变电部分）：5.3.3.1

A．运行负责人；B．操作负责人；

C．监护负责人；D．运维负责人。

答案：D

8．若有可靠的确认和自动记录手段，调控人员可实行（　　）操作。《安规》（变电部分）：5.3.3.2

A．单人；B．双人；C．三人；D．四人。

答案：A

9．（　　）、受令人、操作人员（包括监护人）均应具备相应资质。《安规》（变电部分）：5.3.1

A．值班调控人员；B．运维负责人；
C．发令人；D．工作负责人。
答案：C

10．操作票应用黑色或蓝色的钢（水）笔或圆珠笔逐项填写。用计算机开出的操作票应与手写票面统一；操作票票面应清楚整洁，不得任意涂改。操作票应填写设备的双重名称。操作人和监护人应根据模拟图或接线图核对所填写的操作项目，并分别手工或电子签名，然后经运维负责人（检修人员操作时由工作负责人）审核签名。每张操作票只能填写（　　）个操作任务。《安规》（变电部分）：5.3.4.2
A．四；B．一；C．二；D．三。
答案：B

11．下列项目应填入操作票内：应拉合的设备断路器（开关）、隔离开关（刀闸）、接地刀闸（装置）等，验电，装拆接地线，合上（安装）或断开（拆除）控制回路或电压互感器回路的空气开关、（　　），切换保护回路和自动化装置及检验是否确无电压等。《安规》（变电部分）：5.3.4.3
A．熔断器；B．避雷器；C．电流互感器；D．控制器。
答案：A

12．阀厅内高压穿墙套管试验加压前应通知阀厅外侧换流变压器上试验无关人员撤离，确认其余绕组均已可靠接地，并派（　　）监护。《安规》（变电部分）：14.5.4
A．监护人；B．专人；C．工作负责人；D．工作票签发人。
答案：B

13．操作设备应具有明显的标志，包括命名、（　　）、分合指示，旋转方向、切换位置的指示及设备相色等。《安规》（变电部分）：5.3.5.2
A．统计；B．编码；C．编号；D．出厂日期。
答案：C

14．高压电气设备都应安装完善的防误操作闭锁装置。防误操作闭锁装置不得随意退出运行，停用防误操作闭锁装置应经设备运维管理单位批准；短时间退出防误操作闭锁装置时，应经（　　）长或发电厂当班值长批准，并应按程序尽快投入。《安规》（变电部分）：5.3.5.3

A．变电检修班；B．变电运维班；C．计量班；D．输电运维班。

答案：B

15．带电作业工作票签发人或（　　）认为有必要时，应组织有经验的人员到现场勘察，根据勘察结果作出能否进行带电作业的判断，并确定作业方法和所需工具以及应采取的措施。《安规》（变电部分）：9.1.6

A．工作负责人；B．工作监护人；

C．值班调控人员；D．带电作业人。

答案：A

16．带电作业工作负责人在带电作业工作开始前，应与（　　）联系。需要停用重合闸或直流线路再启动功能的作业和带电断、接引线应由值班调控人员履行许可手续。带电作业结束后应及时向值班调控人员汇报。《安规》（变电部分）：9.1.8

A．工作监护人；B．工作票签发人；

C．值班调控人员；D．带电作业人。

答案：C

17．停电拉闸操作应按照断路器（开关）—负荷侧隔离开关（刀闸）—电源侧隔离开关（刀闸）的顺序依次进行，送电合闸操作应按与上述相反的顺序进行。禁止带负荷拉合（　　）。《安规》（变电部分）：5.3.6.1

A．断路器；B．隔离开关；C．电流互感器；D．电压互感器。

答案：B

18．连接电流回路的导线截面，应适合所测电流数值。连接电压回路的导线截面不得小于（　　）mm^2。《安规》（变电

部分）：14.2.5

A．2.1；B．1.5；C．3.6；D．4.1。

答案：B

19．现场开始操作前，应先在模拟图（或微机防误装置、微机监控装置）上进行核对性模拟预演，无误后，再进行操作。操作前应先核对系统方式、设备名称、编号和位置，操作中应认真执行监护复诵制度（单人操作时也应高声唱票），宜全过程录音。操作过程中应按操作票填写的顺序逐项操作。每操作完一步，应检查无误后做一个（　　）记号，全部操作完毕后进行复查。《安规》（变电部分）：5.3.6.2

A．#；B．!；C．√；D．%。

答案：C

20．监护操作时，操作人在操作过程中不准有任何未经（　　）同意的操作行为。《安规》（变电部分）：5.3.6.3

A．工作负责人；B．监护人；

C．工作票签发人；D．调度值班员。

答案：B

21．（　　）操作一次设备前，宜对现场发出提示信号，提醒现场人员远离操作设备。《安规》（变电部分）：5.3.6.4

A．就地；B．近处；C．远方；D．远处。

答案：C

22．电气设备操作后的位置检查应以设备各相实际位置为准，无法看到实际位置时，应通过间接方法，如设备机械位置指示、（　　）、带电显示装置、仪表及各种遥测、遥信等信号的变化来判断。《安规》（变电部分）：5.3.6.6

A．测量指示；B．方向指示；C．系统指示；D．电气指示。

答案：D

23．继电保护远方操作时，至少应有（　　）指示发生对应变化，且所有这些确定的指示均已同时发生对应变化，才能确认

该设备已操作到位。《安规》(变电部分): 5.3.6.7

A. 一个; B. 四个; C. 三个; D. 两个。

答案: D

24. 换流站直流系统应采用程序操作，程序操作不成功，在查明原因并经（　　）许可后可进行遥控步进操作。《安规》(变电部分): 5.3.6.8

A. 工作票签发人; B. 值班调控人员;

C. 工作许可人; D. 工作负责人。

答案: B

25. 用绝缘棒拉合隔离开关（刀闸）、高压熔断器或经传动机构拉合断路器（开关）和隔离开关（刀闸），均应戴绝缘手套。雨天操作室外高压设备时，绝缘棒应有防雨罩，还应穿（　　）。接地网电阻不符合要求的，晴天也应穿绝缘靴。雷电时，禁止就地倒闸操作。《安规》(变电部分): 5.3.6.9

A. 绝缘手套; B. 防护服; C. 安全帽; D. 绝缘靴。

答案: D

26. 装卸高压熔断器，应戴护目眼镜和（　　），必要时使用绝缘夹钳，并站在绝缘垫或绝缘台上。《安规》(变电部分): 5.3.6.10

A. 安全帽; B. 防护面罩; C. 绝缘手套; D. 防护服。

答案: C

27. 断路器（开关）遮断容量应满足电网要求。如遮断容量不够，应用墙或金属板将操动机构（操作机构）与该断路器（开关）隔开，应进行（　　）操作，重合闸装置应停用。《安规》(变电部分): 5.3.6.11

A. 远处; B. 远方; C. 就地; D. 就近。

答案: B

28. 电气设备停电后（包括事故停电），在未拉开有关隔离开关（刀闸）和做好安全措施前，不得触及设备或进入遮栏，以防突然来电。《安规》(变电部分): 5.3.6.12

A．围栏；B．遮栏；C．护栏；D．栅栏。

答案：B

29．（　　）人操作时不得进行登高或登杆操作。《安规》（变电部分）：5.3.6.13

A．双人；B．单人；C．三人；D．四人。

答案：B

30．在发生人身触电事故时，可以不经许可，即行断开有关设备的电源，但事后应立即报告调度控制中心（或设备运维管理单位）和（　　）。《安规》（变电部分）：5.3.6.14

A．有关部门；B．运检部；C．供电所；D．上级部门。

答案：D

31．同一直流系统两端换流站间发生系统通信故障时，两换流站间的操作应根据（　　）的指令配合执行。《安规》（变电部分）：5.3.6.15

A．工作票签发人；B．工作许可人；

C．值班调控人员；D．工作负责人。

答案：C

32．双极（　　）输电系统单极停运检修时，禁止操作双极公共区域设备，禁止合上停运极中性线大地/金属回线隔离开关（刀闸）。《安规》（变电部分）：5.3.6.16

A．交流；B．扰流；C．极性；D．直流。

答案：D

33．直流系统升降功率前应确认功率设定值不小于当前系统允许的（　　），且不能超过当前系统允许的最大功率限制。《安规》（变电部分）：5.3.6.17

A．允许功率；B．最大功率；C．最小功率；D．输送功率。

答案：C

34．手动切除交流滤波器（并联电容器）前，应检查系统有足够的备用数量，保证满足当前（　　）无功需求。《安规》（变

电部分）：5.3.6.18

A．允许功率；B．最大功率；C．最小功率；D．输送功率。

答案：D

35．交流滤波器（　　）电容器退出运行后再次投入运行前，应满足电容器放电时间要求。《安规》（变电部分）：5.3.6.19

A．串联；B．并联；C．交流；D．直流。

答案：B

36．同一变电站的操作票应事先连续编号，计算机生成的操作票应在正式出票前连续编号，操作票按编号顺序使用。作废的操作票，应注明“作废”字样，未执行的应注明“未执行”字样，已操作的应注明“已执行”字样。操作票应保存（　　）年。《安规》（变电部分）：5.3.8

A．二；B．一；C．四；D．三。

答案：B

37．在运用中的高压设备上工作，分为（　　）类。《安规》（变电部分）：5.4.1

A．二；B．四；C．三；D．一。

答案：C

38．全部停电的工作，是指室内高压设备全部停电（包括架空线路与电缆引入线在内），并且通至邻接高压室的门（　　）闭锁，以及室外高压设备全部停电（包括架空线路与电缆引入线在内）的工作。《安规》（变电部分）：5.4.1.1

A．全部；B．部分；C．全不；D．无需。

答案：A

39．部分停电的工作，系指（　　）设备部分停电或室内虽全部停电，而通至邻接高压室的门并未全部闭锁的工作。《安规》（变电部分）：5.4.4.2

A．一次；B．低压；C．高压；D．二次。

答案：C

40．不停电工作是指工作本身（　　）停电并且不可能触及导电部分的工作。《安规》（变电部分）：5.4.1.3

A．需要；B．不需要；C．必须；D．不要求。

答案：B

41．在高压设备上工作应至少由（　　）人进行，并完成保证安全的组织措施和技术措施。《安规》（变电部分）：5.4.2

A．三；B．一；C．两；D．四。

答案：C

42．变电检修（施工）作业，（　　）或工作负责人认为有必要现场勘察的，检修（施工）单位应根据工作任务组织现场勘察并填写现场勘察记录。现场勘察由工作票签发人或工作负责人组织。《安规》（变电部分）：6.2

A．工作许可人；B．工作票签发人；

C．工作监护人；D．值班调度员。

答案：B

43．填用事故紧急抢修单的工作为事故紧急抢修应填用工作票，或事故紧急抢修单。（　）进行的事故修复工作，应使用工作票。《安规》（变电部分）：6.3.5

A．持续；B．连续；C．非连续；D．非持续。

答案：C

44．工作票应使用黑色或蓝色的钢（水）笔或圆珠笔填写与签发，一式（　　）份，内容应正确，填写应清楚，不得任意涂改。如有个别错、漏字需要修改，应使用规范的符号，字迹应清楚。《安规》（变电部分）：6.3.7.1

A．一；B．两；C．三；D．四。

答案：B

45．用计算机生成或打印的工作票应使用统一的票面格式，由（　　）审核无误，手工或电子签名后方可执行。《安规》（变电部分）：6.3.7.2

A. 工作负责人；B. 工作票签发人；

C. 工作监护人；D. 工作许可人。

答案：B

46. 一张工作票中，工作许可人与（　　）不得互相兼任。若工作票签发人兼任工作许可人或工作负责人，应具备相应的资质，并履行相应的安全责任。《安规》(变电部分)：6.3.7.3

A. 工作监护人；B. 工作负责人；

C. 工作许可人；D. 调度值班员。

答案：B

47. 工作票由（　　）填写也可以由工作票签发人填写。《安规》(变电部分)：6.3.7.4

A. 运维人员；B. 工作监护人；

C. 工作负责人；D. 工作许可人。

答案：C

48. 工作票由设备运维管理单位签发，也可由经设备运维管理单位审核合格且经批准的检修及基建单位签发。检修及基建单位的（　　）、工作负责人名单应事先送有关设备运维管理单位调度控制中心备案。《安规》(变电部分)：6.3.7.5

A. 工作监护人；B. 工作票签发人；

C. 工作许可人；D. 工作负责人。

答案：B

49. 承发包工程中，工作票可实行"双签发"形式。签发工作票时，双方（　　）在工作票上分别签名，各自承担本部分工作票签发人相应的安全责任。《安规》(变电部分)：6.3.7.6

A. 工作负责人；B. 工作许可人；

C. 工作票签发人；D. 调度值班员。

答案：C

50. （　　）工作票的许可和终结，由分工作票负责人与总工作票负责人办理。分工作票应在总工作票许可后才可许可；总工作

票应在所有分工作票终结后才可终结。《安规》（变电部分）：6.3.7.7

A．分开；B．总；C．分；D．总结。

答案：C

51．供电单位或施工单位到用户变电站内施工时，（　　）应由有权签发工作票的用户单位、施工单位或供电单位签发。《安规》（变电部分）：6.3.7.8

A．工作许可人；B．工作负责人；C．操作票；D．工作票。

答案：D

52．一个工作负责人不能同时执行多张工作票，工作票上所列的工作地点，以（　　）个电气连接部分为限。所谓一个电气连接部分是指电气装置中，可以用隔离开关（刀闸）同其他电气装置分开的部分。《安规》（变电部分）：6.3.8.1

A．四；B．二；C．一；D．三。

答案：C

53．一张工作票上所列的检修设备应同时停、送电，开工前工作票内的全部安全措施应（　　）次完成。若至预定时间，一部分工作尚未完成，需继续工作而不妨碍送电者，在送电前，应按照送电后现场设备带电情况，办理新的工作票，布置好安全措施后，方可继续工作。《安规》（变电部分）：6.3.8.2

A．三；B．一；C．二；D．四。

答案：B

54．若以下设备同时停、送电，可使用同一张工作票：属于同一（　　）、位于同一平面场所，工作中不会触及带电导体的几个电气连接部分。《安规》（变电部分）：6.3.8.3

A．次数；B．频率；C．电流等级；D．电压等级。

答案：D

55．同一变电站内在几个电气连接部分上依次进行不停电的同一类型的工作，可以使用一张第（　　）种工作票。《安规》（变电部分）：6.3.8.4

A. 二；B. 一；C. 三；D. 四。

答案：A

56. 在同一变电站内，依次进行的同一类型的带电作业可以使用（　　）张带电作业工作票。《安规》（变电部分）：6.3.8.5

A. 三；B. 二；C. 一；D. 四。

答案：C

57. 持线路或电缆工作票进入变电站或发电厂升压站进行架空线路、电缆等工作，应增填工作票份数，由（　　）或发电厂工作许可人许可，并留存。上述单位的工作票签发人和工作负责人名单应事先送有关运维单位备案。《安规》（变电部分）：6.3.8.6

A. 运检部；B. 变电站；C. 供电所；D. 调控中心。

答案：B

58. 需要变更工作班成员时，应经（　　）同意，在对新的作业人员进行安全交底手续后，方可进行工作。《安规》（变电部分）：6.3.8.7

A. 工作许可人；B. 工作负责人；

C. 工作票签发人；D. 调度值班员。

答案：B

59. 在原工作票的停电及安全措施范围内增加工作任务时，应由工作负责人征得工作票签发人和工作许可人同意，并在工作票上增填工作项目。若需变更或增设安全措施者应填用新的工作票，并重新履行（　　）许可手续。《安规》（变电部分）：6.3.8.8

A. 签订；B. 工作；C. 签发；D. 工时。

答案：C

60. 变更（　　）或增加工作任务，如工作票签发人和工作许可人无法当面办理，应通过电话联系，并在工作票登记簿和工作票上注明。《安规》（变电部分）：6.3.8.9

A. 工作票签发人；B. 工作负责人；

C. 工作许可人；D. 调度值班员。

答案：B

61．第一种工作票应在工作（　　）送达运维人员，可直接送达或通过传真、局域网传送，但传真传送的工作票许可应待正式工作票到达后履行。临时工作可在工作开始前直接交给工作许可人。

第二种工作票和带电作业工作票可在进行工作的当天预先交给工作许可人。《安规》（变电部分）：6.3.8.10

A．当日；B．后一日；C．上一日；D．前一日。

答案：D

62．工作票有破损不能继续使用时，应补填新的工作票，并（　　）履行签发许可手续。《安规》（变电部分）：6.3.8.11

A．应该；B．持续；C．继续；D．重新。

答案：D

63．第一、二种工作票和带电作业工作票的有效（　　），以批准的检修期为限。《安规》（变电部分）：6.3.9.1

A．时限；B．时间；C．期限；D．方式。

答案：B

64．第一、二种工作票和带电作业工作票的有效时间，以批准的（　　）期为限。《安规》（变电部分）：6.3.9.1

A．修正；B．检修；C．检查；D．检验。

答案：B

65．第一、二种工作票需办理延期手续，应在工期尚未结束以前由工作负责人向运维负责人提出申请属于调控中心管辖、许可的检修设备，还应通过值班调控人员批准，由运维负责人通知工作许可人给予办理。第一、二种工作票只能延期（　　）次。带电作业工作票不准延期。《安规》（变电部分）：6.3.9.2

A．四；B．一；C．二；D．三。

答案：B

66．换流变压器高压试验前应通知阀厅内高压穿墙套管侧试

验无关人员撤离，并派（　　）监护。《安规》（变电部分）：14.5.3

A．工作许可人；B．专人；C．工作负责人；D．监护人。

答案：B

67．工作票签发人应是熟悉人员技术水平、熟悉设备情况、熟悉本部分，并具有相关工作经验的（　　）领导人、技术人员或经本单位批准的人员。工作票签发人员名单应公布。《安规》（变电部分）：6.3.10.1

A．运检；B．检修；C．生产；D．调度。

答案：C

68．（　　）应是具有相关工作经验，熟悉设备情况和本部分，经工区（车间，下同）批准的人员。《安规》（变电部分）：6.3.10.2

A．专人；B．工作负责人；

C．工作许可人；D．工作票签发人。

答案：B

69．工作许可人应是经工区批准的有一定工作经验的运维人员或（　　）操作人员（进行该工作任务操作及做安全措施的人员）；用户变、配电站的工作许可人应是持有效证书的高压电气工作人员。《安规》（变电部分）：6.3.10.3

A．运检；B．检修；C．运维；D．运行。

答案：B

70．（　　）应是具有相关工作经验，熟悉设备情况和本部分的人员。《安规》（变电部分）：6.3.10.4

A．工作负责人；B．专责监护人；

C．工作票签发人；D．专人。

答案：B

71．地面加压人员与阀体层作业人员应通过对讲机保持联系，防止高处作业人员未撤离阀体时误加压。阀体工作层应设专责监护人在与阀体工作层平行的升降车上监护、指挥，加压过程中应有人监护并（　　）。《安规》（变电部分）：14.5.2

A．呼叫；B．呼喊；C．呼唱；D．看管。

答案：C

72．（　　）：确认所派工作负责人和工作班人员是否适当和充足。《安规》（变电部分）：6.3.11.1

A．工作负责人；B．工作票签发人；

C．工作许可人；D．专人。

答案：B

73．（　　）：检查工作票所列安全措施是否正确完备，是否符合现场实际条件，必要时予以补充完善。《安规》（变电部分）：6.3.11.2

A．工作许可人；B．工作票签发人；

C．工作负责人；D．专人。

答案：C

74．工作许可人：负责检查检修设备有无（　　）来电的危险。《安规》（变电部分）：6.3.11.3

A．突然；B．偶然；C．间歇；D．突发。

答案：A

75．（　　）：确认被监护人员和监护范围。《安规》（变电部分）：6.3.11.4

A．监护人；B．专责监护人；C．专人；D．工作负责人。

答案：B

76．（　　）：正确使用施工器具、安全工器具和劳动防护用品。《安规》（变电部分）：6.3.11.5

A．运维班成员；B．工作负责人；

C．工作班成员；D．运检班成员。

答案：C

77．进行晶闸管（可控硅）高压试验前，应停止该阀塔内其他工作并撤离无关人员；试验时，作业人员应与试验带电体位保持（　　）以上距离，试验人员禁止直接接触阀塔屏蔽罩，防止

被可能产生的试验感应电伤害。《安规》(变电部分)：14.5.1

A. 0.8m；B. 1.6m；C. 0.7m；D. 2.3m。

答案：C

78. 工作许可人在完成施工现场的（　　）措施后，还应完成以下手续，工作班方可开始工作。《安规》(变电部分)：6.4.1

A. 安全；B. 技术；C. 责任；D. 管理。

答案：A

79. 工作负责人到现场再次检查所做的安全措施，对具体的设备指明实际的隔离措施，证明检修设备确无（　　）。《安规》(变电部分)：6.4.1.1

A. 损坏；B. 频率；C. 电压；D. 电流。

答案：C

80. 测量用装置必要时应设遮拦或围栏，并悬挂（　　）的标示牌。《安规》(变电部分)：14.2.7

A. "小心有电"；B. "禁止入内"；

C. "止步，高压危险！"；D. "危险！"。

答案：C

81. 运维人员在高压回路上使用钳型电流表的测量工作，应由（　　）进行。非运维人员测量时，应填用变电站（发电厂）第二种工作票。《安规》(变电部分)：14.3.1

A. 一人；B. 两人；C. 三人；D. 四人。

答案：B

82. 运维人员不得变更有关检修设备的运行接线方式。（　　）、工作许可人任何一方不得擅自变更安全措施，工作中如有特殊情况需要变更时，应先取得对方的同意并及时恢复。变更情况及时记录在值班日志内。《安规》(变电部分)：6.4.2

A. 专人；B. 工作票签发人；

C. 工作许可人；D. 工作负责人。

答案：D

83．变电站（发电厂）第（　　）种工作票可采取电话许可方式，但应录音，并各自做好记录。采取电话许可的工作票，工作所需安全措施可由工作人员自行布置，工作结束后应汇报工作许可人。《安规》（变电部分）：6.4.3

A．一；B．二；C．三；D．四。

答案：B

84．在带电设备附近测量绝缘电阻时，测量人员和绝缘电阻表安放位置，应选择适当，保持安全距离，以免绝缘电阻表引线或引线支持物触碰带电部分。移动引线时，应注意监护，防止（　　）触电。《安规》（变电部分）：14.4.5

A．调度人员；B．工作人员；C．专人；D．作业人员。

答案：D

85．工作许可手续完成后，（　　）、专责监护人应向工作班成员交待工作内容、人员分工、带电部位和现场安全措施，进行危险点告知，并履行确认手续，工作班方可开始工作。工作负责人、专责监护人应始终在工作现场，对工作班人员的安全认真监护，及时纠正不安全的行为。《安规》（变电部分）：6.5.1

A．工作票签发人；B．工作许可人；

C．工作负责人；D．值班调度员。

答案：C

86．所有工作人员包括（　　）不许单独进入、滞留在高压室、阀厅内和室外高压设备区内。《安规》（变电部分）：6.5.2

A．调度值班员；B．工作票签发人；

C．工作许可人；D．工作负责人。

答案：D

87．工作负责人、专责监护人应始终在工作现场。（　　）或工作负责人，应根据现场的安全条件、施工范围、工作需要等具体情况，增设专责监护人和确定被监护的人员。《安规》（变电部分）：6.5.3

A. 工作许可人；B. 专责监护人；

C. 工作人员；D. 工作票签发人。

答案：D

88. 若（　　）必须长时间离开工作现场时，应由原工作票签发人变更工作负责人，履行变更手续，并告知全体作业人员及工作许可人。原、现工作负责人应做好必要的交接。《安规》（变电部分）：6.5.4

A. 工作票签发人；B. 工作许可人；

C. 工作负责人；D. 专责监护人。

答案：C

89. 在有感应电压的线路上测量绝缘时，应将相关线路同时停电，方可进行。（　　）时，禁止测量线路绝缘。《安规》（变电部分）：14.4.4

A. 雷电；B. 雷雨；C. 洪水；D. 海啸。

答案：A

90. 工作间断时，（　　）人员应从工作现场撤出。《安规》（变电部分）：6.6.1

A. 现场；B. 工作班；C. 运检班；D. 检修班。

答案：B

91. 在未办理工作票终结手续以前，（　　）不准将停电设备合闸送电。《安规》（变电部分）：6.6.2

A. 工作人员；B. 任何人员；C. 专责监护人；D. 值班人员。

答案：B

92. 带电作业应在良好天气下进行。如遇雷电（听见雷声、看见闪电）、雪、雹、雨、雾等，禁止进行带电作业。风力大于 5 级或湿度大于（　　）%时，不宜进行带电作业。《安规》（变电部分）：9.1.2

A. 70；B. 80；C. 90；D. 100。

答案：B

93．变电站、发电厂升压站发现有系统（　　）时，禁止进行接地网接地电阻的测量。《安规》（变电部分）：14.1.10

A．短路故障；B．断路故障；C．瞬时故障；D．接地故障。

答案：D

94．全部工作完毕后，工作班应清扫、整理现场。工作负责人应先周密地检查，待全体作业人员撤离工作地点后，再向运维人员交待所修项目、发现的问题、试验结果和存在问题等，并与（　）共同检查设备状况、状态，有无遗留物件，是否清洁等，然后在工作票上填明工作结束时间。《安规》（变电部分）：6.6.5

A．工作负责人；B．工作许可人；

C．运维人员；D．检修人员。

答案：C

95．只有在同一停电系统的（　　）工作票都已终结，并得到值班调控人员或运维负责人的许可指令后，方可合闸送电。《安规》（变电部分）：6.6.6

A．一种；B．两种；C．三种；D．所有。

答案：D

96．已终结的工作票、事故紧急抢修单应保存（　　）年。《安规》（变电部分）：6.6.7

A．4；B．2；C．1；D．3。

答案：C

97．测量绝缘时，应将被测设备从各方面断开，验明无（　），确实证明设备无人工作后，方可进行。在测量中禁止他人接近被测设备。在测量绝缘前后，应将被测设备对地放电。测量线路绝缘时，应取得许可并通知对侧后方可进行。《安规》（变电部分）：14.4.3

A．功率；B．电流；C．电压；D．频率。

答案：C

98．在电气设备上工作，保证安全的技术措施：不包括

（　　）。《安规》（变电部分）：7.1

A．验电；B．停电；C．接地；D．检修。

答案：D

99．使用绝缘电阻表测量高压设备绝缘，应由（　　）进行。《安规》（变电部分）：14.4.1

A．四人；B．三人；C．一人；D．两人。

答案：D

100．检修设备停电，应把各方面的电源完全断开任何运行中的（　　）接线设备的中性点，应视为带电设备。《安规》（变电部分）：7.2.2

A．方形；B．菱形；C．星形；D．角形。

答案：C

101．检修设备和可能来电侧的断路器（开关）、隔离开关（刀闸）应断开控制电源和合闸能源，隔离开关（刀闸）操作把手应锁住，确保不会（　　）。《安规》（变电部分）：7.2.3

A．误触电；B．误通电；C．误送电；D．误接电。

答案：C

102．对难以做到与电源完全断开的检修设备，可以拆除（　　）之间的电气连接。《安规》（变电部分）：7.2.4

A．仪器与仪器；B．电源与电源；

C．设备与设备；D．设备与电源。

答案：D

103．钳型电流表应保存在（　　）的室内，使用前要擦拭干净。《安规》（变电部分）：14.3.7

A．通风；B．密封；C．干燥；D．潮湿。

答案：C

104．验电时，应使用相应电压等级且合格的接触式验电器，在装设接地线或合接地刀闸（装置）处对各相分别验电。验电前应先在（　　）上进行试验，确认验电器良好；无法在有电设备

上进行试验时可用工频高压发生器等确认验电器良好。《安规》（变电部分）：7.3.1

A．未通电设备；B．绝缘设备；C．绝缘仪器；D．有电设备。

答案：D

105．高压验电（ ）。验电器的伸缩式绝缘棒长度应拉足，验电时手应握在手柄处不得超过护环。《安规》（变电部分）：7.3.2

A．应戴安全帽；B．应穿绝缘服；

C．应戴绝缘手套；D．应穿绝缘鞋。

答案：C

106．对无法进行直接验电的设备、高压直流输电设备和（ ）时的户外设备，可以进行间接验电，即通过设备的机械指示位置、电气指示、带电显示装置、仪表及各种遥测、遥信等信号的变化来判断。判断时，至少应有两个非同样原理或非同源的指示发生对应变化，且所有这些确定的指示均已同时发生对应变化，才能确认该设备已无电。以上检查项目应填写在操作票中作为检查项。检查中若发现其他任何信号有异常，均应停止操作，查明原因。若进行遥控操作，可采用上述的间接方法或其他可靠的方法进行间接验电。

330kV及以上的电气设备，可采用间接验电方法进行验电。《安规》（变电部分）：7.3.3

A．大风天气；B．雨雪天气；C．大雾天气；D．冰雹天气。

答案：B

107．表示设备断开和允许进入（ ）、经常接入的电压表等，如果指示有电，在排除异常情况前，禁止在设备上工作。《安规》（变电部分）：7.3.4

A．失去信号；B．间隔的信号；

C．连续的信号；D．脉冲信号。

答案：B

108．在测量高压电缆各相电流时，电缆头线间距离应在

（　　）以上，且绝缘良好，测量方便者，方可进行。当有一相接地时，禁止测量。《安规》（变电部分）：14.3.6

A．200mm；B．300mm；C．400mm；D．500mm。

答案：B

109．装设接地线应（　　）（经批准可以单人装设接地线的项目及运维人员除外）。《安规》（变电部分）：7.4.1

A．由两人进行；B．单人操作；C．分别进行；D．多人操作。

答案：A

110．当验明设备确已无电压后，应立即将检修设备接地并（　　）。电缆及电容器接地前应逐相充分放电，星形接线电容器的中性点应接地、串联电容器及与整组电容器脱离的电容器应逐个多次放电，装在绝缘支架上的电容器外壳也应放电。《安规》（变电部分）：7.4.2

A．断路；B．短路；C．三相短路；D．单相短路。

答案：C

111．对于可能送电至停电设备的各方面都应装设接地线或（　　），所装接地线与带电部分应考虑接地线摆动时仍符合安全距离的规定。《安规》（变电部分）：7.4.3

A．拉开接地刀闸（装置）；B．合上接地刀闸（装置）；

C．断开断路器；D．合上断路器。

答案：B

112．对于因平行或邻近带电设备导致检修设备可能产生感应电压时，应加装工作接地线或使用个人保安线，加装的接地线应登录在（　　）上，个人保安线由作业人员自装自拆。《安规》（变电部分）：7.4.4

A．台账；B．值班表；C．工作票；D．工作簿。

答案：C

113．在门型构架的线路侧进行停电检修，如工作地点与所装接地线的距离小于（　　），工作地点虽在接地线外侧，也可不另

装接地线。《安规》（变电部分）：7.4.5

A．5m；B．10m；C．15m；D．20m。

答案：B

114．检修部分若分为几个在电气上不相连接的部分［如分段母线以隔离开关（刀闸）或断路器（开关）隔开分成几段］，则各段应（　　）。降压变电站全部停电时，应将各个可能来电侧的部分接地短路，其余部分不必每段都装设接地线或合上接地刀闸（装置）。《安规》（变电部分）：7.4.6

A．分别接地；B．分别验电；

C．分别短路；D．分别验电接地短路。

答案：D

115．接地线、（　　）之间不得连有断路器（开关）或熔断器。若由于设备原因，接地刀闸与检修设备之间连有断路器（开关），在接地刀闸和断路器（开关）合上后，应有保证断路器（开关）不会分闸的措施。《安规》（变电部分）：7.4.7

A．检修设备与检修设备；B．检修设备与测量仪器；

C．接地刀闸与接地刀闸；D．接地刀闸与检修设备。

答案：D

116．在配电装置上，接地线应装在该装置导电部分的规定地点，应去除这些地点的油漆或绝缘层，并划有黑色标记。所有配电装置的（　　），均应设有与接地网相连的接地端，接地电阻应合格。接地线应采用三相短路式接地线，若使用分相式接地线时，应设置三相合一的接地端。《安规》（变电部分）：7.4.8

A．适当高度；B．适当位置；C．适当地点；D．适当范围。

答案：C

117．带接地线拆设备接头时，应采取（　　）的措施。《安规》（变电部分）：7.4.9

A．防止接地线脱落；B．防止接地线接地；

C．穿绝缘服；D．穿绝缘鞋。

答案：A

118．禁止作业人员擅自移动或（　　）。《安规》（变电部分）：7.4.11

A．安装接地线；B．拆除接地线；

C．测量接地电阻；D．测量线路参数。

答案：B

119．每组接地线及其存放位置均应编号，（　　）应一致。《安规》（变电部分）：7.4.12

A．接地线号码与接地线号码；

B．存放位置号码与存放位置号码；

C．接地线号码与存放位置号码；

D．接地线号码与所在位置号码。

答案：C

120．装、拆（　　），应做好记录，交接班时应交待清楚。《安规》（变电部分）：7.4.13

A．接地极；B．接地线；C．接地电阻；D．接地装置。

答案：B

121．成套接地线应用有透明护套的多股软铜线和专用线夹组成，接地线截面不得小于（　　），同时应满足装设地点短路电流的要求。禁止使用其他导线接地或短路。

接地线应使用专用的线夹固定在导体上，禁止用缠绕的方法进行接地或短路。《安规》（变电部分）：7.4.10

A．$15mm^2$；B．$25mm^2$；C．$35mm^2$；D．$45mm^2$。

答案：B

122．对由于设备原因，接地刀闸与检修设备之间连有断路器（开关），在接地刀闸和断路器（开关）合上后，在断路器（开关）操作把手上，应悬挂“禁止分闸！”的标示牌。

在显示屏上进行操作的断路器（开关）和隔离开关（刀闸）的操作处应设置“禁止合闸，有人工作！”或“禁止合闸，线路有

人工作！”以及“（ ）”的标记。《安规》（变电部分）：7.5.1

A．禁止分闸！；B．禁止合闸！；

C．允许分闸！；D．允许合闸！。

答案：A

123．测量低压熔断器和（ ），测量前应将各相熔断器和母线用绝缘材料加以包护隔离，以免引起相间短路，同时应注意不得触及其他带电部分。《安规》（变电部分）：14.3.5

A．竖直排列低压母线电流时；B．竖直排列高压母线电流时；

C．水平排列低压母线电流时；D．水平排列高压母线电流时。

答案：C

124．在室内高压设备上工作，应在工作地点两旁及对面运行设备间隔的遮栏（围栏）上和禁止通行的过道遮栏（围栏）上悬挂（ ）的标示牌。《安规》（变电部分）：7.5.3

A．“禁止分闸！”；B．“禁止合闸，线路有人工作！”；

C．“禁止合闸，有人工作！”；D．“止步，高压危险！”。

答案：D

125．高压开关柜内手车开关拉出后，隔离带电部位的挡板封闭后禁止开启，并设置（ ）的标示牌。《安规》（变电部分）：7.5.4

A．“止步，高压危险！”；B．“禁止分闸！”；

C．“禁止合闸，有人工作！”；D．“禁止合闸，线路有人工作！”。

答案：A

126．在室外高压设备上工作，（ ），其出入口要围至临近道路旁边，并设有“从此进出！”的标示牌。工作地点四周围栏上悬挂适当数量的“止步，高压危险！”标示牌，标示牌应朝向围栏里面。若室外配电装置的大部分设备停电，只有个别地点保留有带电设备而其他设备无触及带电导体的可能时，可以在带电设备四周装设全封闭围栏，围栏上悬挂适当数量的“止步，高压危险！”标示牌，标示牌应朝向围栏外面。

禁止越过围栏。《安规》（变电部分）：7.5.5

A．应在附近装设围栏；B．应在周围装设围栏；

C．应在设备周围装设围栏；D．应在工作地点四周装设围栏。

答案：D

127．在工作地点设置（　　）的标示牌。《安规》(变电部分)：7.5.6

A．“禁止合闸，有人工作！”；B．“止步，高压危险！”；

C．“禁止分闸！”；D．“在此工作！”。

答案：D

128．在室外构架上工作，应在工作地点邻近带电部分的横梁上，悬挂“止步，高压危险！”的标示牌。在作业人员上下铁架或梯子上，应悬挂（　　）的标示牌。在邻近其他可能误登的带电构架上，应悬挂“禁止攀登，高压危险！”的标示牌。《安规》(变电部分)：7.5.7

A．“止步，高压危险！”；B．“从此上下！”；

C．“禁止分闸！”；D．“在此工作！”。

答案：B

129．禁止作业人员擅自移动或拆除遮栏（围栏）、（　　）。因工作原因必须短时移动或拆除遮栏（围栏）、标示牌，应征得工作许可人同意，并在工作负责人的监护下进行。完毕后应立即恢复。《安规》(变电部分)：7.5.8

A．标识牌；B．标示牌；C．标志；D．记号牌。

答案：B

130．直流换流站单极停电工作，应在（　　）与停电区域之间设置围栏，在围栏面向停电设备及运行阀厅门口悬挂“止步，高压危险！”标示牌。在检修阀厅和直流场设备处设置“在此工作”的标示牌。《安规》(变电部分)：7.5.9

A．停电设备；B．检修设备；

C．双极公共区域设备；D．单极公共区域设备。

答案：C

131．使用钳型电流表时，应注意钳型电流表的电压等级。测量时（　　），站在绝缘垫上，不得触及其他设备，以防短路或接地。观测表计时，要特别注意保持头部与带电部分的安全距离。《安规》（变电部分）：14.3.4

A．戴安全帽；B．戴绝缘手套；

C．穿绝缘鞋；D．穿静电屏蔽服。

答案：B

132．线路的停、送电均应按照值班调控人员或（　　）的指令执行。《安规》（变电部分）：8.1

A．工作票签发人；B．工作负责人；

C．线路工作许可人；D．专责监护人。

答案：C

133．在转动着的电机上（　　）时，应由有经验的电工担任，并遵守下列规定作业人员应特别小心，不使衣服及擦拭材料被机器挂住，扣紧袖口，发辫应放在帽内。《安规》（变电部分）：10.6

A．清扫电刷；B．清扫滑环；

C．调整电刷及滑环；D．调整、清扫电刷及滑环。

答案：D

134．检修高压电动机及其附属装置（如启动装置、变频装置，下同）时，应做好下列安全措施：断开电源断路器（开关）、（　　），经验明确无电压后装设接地线或在隔离开关（刀闸）间装绝缘隔板；手车开关应拉至试验或检修位置。《安规》（变电部分）：10.7

A．接地线；B．隔离开关（刀闸）；

C．绝缘导线；D．熔断器。

答案：B

135．禁止在转动着的高压电动机及其附属装置回路上进行工作。必须在转动着的电动机转子电阻回路上进行工作时，（　　）。工作时要戴绝缘手套或使用有绝缘把手的工具，穿绝缘靴或站在绝缘垫上。《安规》（变电部分）：10.8

A．应先停电；B．应先戴绝缘手套；

C．应先提起电刷或将电阻完全切除；D．应先戴安全帽。

答案：C

136．电动机的引出线和电缆头以及（　　）均应装设牢固的遮栏或护罩。《安规》（变电部分）：10.9

A．内部的固定部分；B．外露的转动部分；

C．外露的固定部分；D．内部的转动部分。

答案：B

137．电动机及附属装置的外壳均应接地。禁止在（　　）的电动机的接地线上进行工作。《安规》（变电部分）：10.10

A．转动中；B．工作中；C．停止；D．静止。

答案：A

138．工作尚未全部终结，而需送电（　　）时，应收回全部工作票并通知有关机械部分检修人员后，方可送电。《安规》（变电部分）：10.11.

A．试验电动机或附属装置；B．试验电动机；

C．试验电动机附属装置；D．电动机附属装置。

答案：A

139．装有 SF_6 设备的配电装置室和 SF_6 气体实验室，应装设（　　），风口应设置在室内底部，排风口不应朝向居民住宅或行人。《安规》（变电部分）：11.1

A．强力通风装置；B．通风装置；C．净化装置；D．散热装置。

答案：A

140．在室内，设备充装 SF_6 气体时，周围环境相对湿度应不大于（　　），同时应开启通风系统，并避免 SF_6 气体泄漏到工作区。工作区空气中 SF_6 气体含量不得超过 1000μL/L（即 1000ppm）。《安规》（变电部分）：11.2

A．65%；B．70%；C．75%；D．80%。

答案：D

141．主控制室与 SF_6 配电装置室间要采取气密性隔离措施。SF_6 配电装置室与其下方电缆层、电缆隧道相通的孔洞都应封堵。SF_6 配电装置室及下方电缆层隧道的门上，应设置（　　）的标志。《安规》（变电部分）：11.3

A．“禁止散热”；B．“禁止通风”；

C．“注意散热”；D．“注意通风”。

答案：D

142．SF_6 配电装置室、电缆层（隧道）的排风机电源开关应设置在（　　）。《安规》（变电部分）：11.4

A．柜内；B．柜外；C．门内；D．门外。

答案：D

143．在 SF_6 配电装置室低位区应安装能报警的氧量仪和 SF_6 气体泄漏报警仪，在工作人员入口处应装设（　　）。上述仪器应定期检验，保证完好。《安规》（变电部分）：11.5

A．监控；B．摄像头；C．记录仪；D．显示器。

答案：D

144．工作人员进入 SF_6 配电装置室，入口处若无 SF_6 气体含量显示器，应先通风（　　）min，并用检漏仪测量 SF_6 气体含量合格。尽量避免一人进入 SF_6 配电装置室进行巡视，不准一人进入从事检修工作。《安规》（变电部分）：11.6

A．8；B．10；C．12；D．15。

答案：D

145．工作人员不准在 SF_6 设备防爆膜附近停留。若在巡视中发现异常情况，（　　），查明原因，采取有效措施进行处理。《安规》（变电部分）：11.7

A．应停止工作；B．应继续工作；

C．应检查设备；D．应立即报告。

答案：D

146．进入 SF_6 配电装置低位区或电缆沟进行工作应先检测含

氧量不低于（　　）和 SF_6 气体含量是否合格。《安规》（变电部分）：11.8

A．12%；B．14%；C．16%；D．18%。

答案：D

147．在打开的 SF_6 电气设备上工作的人员，（　　），配置和使用必要的安全防护用具。《安规》（变电部分）：11.9

A．应经安全培训；

B．应经安全技术知识培训；

C．应经相关的安全技术知识培训；

D．应经专门的安全技术知识培训。

答案：D

148．设备解体检修前，应对 SF_6 气体进行检验。根据有毒气体的含量，采取安全防护措施。检修人员需穿着防护服并根据需要佩戴防毒面具或正压式空气呼吸器。打开设备封盖后，现场所有人员应暂离现场。取出吸附剂和清除粉尘时，检修人员应戴防毒面具或正压式空气呼吸器和防护手套（　　）。《安规》（变电部分）：11.10

A．15min；B．20min；C．25min；D．30min。

答案：D

149．设备内的 SF_6 气体不准向大气排放，应采取净化装置回收，经处理检测合格后方准再使用。回收时作业人员应站在上风侧。设备抽真空后，用高纯度氮气冲洗（　　）[压力为 9.8×10^4Pa（1个大气压）]。将清出的吸附剂、金属粉末等废物放入20%氢氧化钠水溶液中浸泡12h后深埋。《安规》（变电部分）：11.11

A．1次；B．2次；C．3次；D．4次。

答案：C

150．从 SF_6 气体钢瓶引出气体时，应使用（　　）降压。当瓶内压力降至 9.8×10^4Pa（1个大气压）时，即停止引出气体，并关紧气瓶阀门，盖上瓶帽。《安规》（变电部分）：11.12

A．升压阀；B．加压阀；C．降压阀；D．减压阀。

答案：D

151．SF_6 配电装置发生大量泄漏等紧急情况时，人员应迅速撤出现场，开启所有排风机进行排风。未佩戴（　　）或正压式空气呼吸器人员禁止入内。只有经过充分的自然排风或强制排风，并用检漏仪测量 SF_6 气体合格，用仪器检测含氧量（不低于18%）合格后，人员才准进入。发生设备防爆膜破裂时，应停电处理，并用汽油或丙酮擦拭干净。《安规》（变电部分）：11.13

A．绝缘手套；B．绝缘鞋；C．安全帽；D．防毒面具。

答案：D

152．进行气体采样和处理一般渗漏时，要戴（　　）并进行通风。《安规》（变电部分）：11.14

A．防毒面具或正压式空气呼吸器；B．防毒面具；

C．正压式空气呼吸器；D．绝缘手套。

答案：A

153．SF_6 断路器（开关）进行操作时，（　　）检修人员在其外壳上进行工作。《安规》（变电部分）：11.15

A．允许；B．不允许；C．同意；D．禁止。

答案：D

154．检修结束后，检修人员应（　　），把用过的工器具、防护用具清洗干净。《安规》（变电部分）：11.16

A．洗手；B．洗澡；C．洗衣服；D．洗手套。

答案：B

155．SF_6 气瓶应放置在阴凉干燥、通风良好、敞开的专门场所，直立保存，并应远离热源和油污的地方，（　　），并不得有水分或油污粘在阀门上。搬运时，应轻装轻卸。《安规》（变电部分）：11.17

A．防污；B．防风；C．防晒；D．防潮、防阳光暴晒。

答案：D

156．低压配电盘、配电箱和电源干线上的工作，应填用变电站（发电厂）（　　）。

在低压电动机和在不可能触及高压设备、二次系统的照明回路上工作可不填用工作票，但应做好相应记录，该工作至少由两人进行。《安规》（变电部分）：12.1

A．第二种工作票；B．第一种工作票；

C．工作票；D．作业票。

答案：A

157．（　　）。

1）将检修设备的各方面电源断开取下熔断器，在开关或刀开关操作把手上挂“禁止合闸，有人工作！”的标示牌。

2）工作前应验电。

3）根据需要采取其他安全措施。《安规》（变电部分）：12.2

A．高压回路停电的安全措施；B．高压回路送电的安全措施；

C．低压回路停电的安全措施；D．低压回路送电的安全措施。

答案：C

158．停电更换熔断器后，恢复操作时，（　　）。《安规》（变电部分）：12.3

A．应戴手套；B．应戴护目眼镜；

C．应戴手套和护目眼镜；D．应穿绝缘鞋。

答案：C

159．测量时若需拆除遮栏，应在（　　）立即进行。工作结束，应立即将遮栏恢复原状。《安规》（变电部分）：14.3.3

A．工作开始前；B．工作结束后；

C．测量后；D．拆除遮栏后。

答案：D

160．（　　），应采取遮蔽有电部分等防止相间或接地短路的有效措施；若无法采取遮蔽措施时，则将影响作业的有电设备停电。《安规》（变电部分）：12.4.1

A．高压不带电工作时；B．高压带电工作时；

C．低压不带电工作时；D．低压带电工作时。

答案：D

161．使用有绝缘柄的工具，（　　），防止操作时相间或相对地短路。防止操作时相间或相对地短路。低压电气带电工作应戴手套、护目镜，并保持对地绝缘。禁止使用锉刀、金属尺和带有金属物的毛刷、毛掸等工具。《安规》(变电部分)：12.4.2

A．其内部的导电部位无需采取绝缘措施；

B．其外裸的导电部位无需采取绝缘措施；

C．其内部的导电部位应采取绝缘措施；

D．其外裸的导电部位应采取绝缘措施。

答案：D

162．作业前，应先分清相、（　　），选好工作位置。断开导线时，应先断开相线，后断开零线。搭接导线时，顺序应相反。

人体不得同时接触两根线头。《安规》(变电部分)：12.4.3

A．火线；B．零线；C．地线；D．导线。

答案：B

163．下列情况应填用变电站（发电厂）第一种工作票：（　　）、安全自动装置等复用通道（包括载波、微波、光纤通道等）的检修、联动试验需将高压设备停电或做安全措施者。《安规》(变电部分)：13.1

A．通信系统同继电保护；B．通信系统；

C．继电保护；D．自动化监控系统。

答案：A

164．下列情况应填用变电站（发电厂）第二种工作票：（　　）、安全自动装置、自动化监控系统在运行中改变装置原有定值时不影响一次设备正常运行的工作。《安规》(变电部分)：13.2

A．继电保护装置；B．测量装置；

C．通信系统；D．复用通道检修。

答案：A

165. 检修中遇有下列情况应填用二次工作安全措施票：在运行设备的（　　）上进行拆、接线工作。《安规》(变电部分)：13.3

A. 转动部分；B. 电源部分；C. 一次回路；D. 二次回路。

答案：D

166. 在高压回路上测量时，（　　）用导线从钳型电流表另接表计测量。《安规》(变电部分)：14.3.2

A. 禁止；B. 允许；C. 不允许；D. 可以。

答案：A

167. 二次工作安全措施票的工作内容及安全措施内容由（　　）填写，由技术人员或班长审核并签发。《安规》(变电部分)：13.4.1

A. 工作票签发人；B. 专责监护人；

C. 工作负责人；D. 施工负责人。

答案：C

168. 监护人由技术水平较高及有经验的人担任，（　　）、恢复人由工作班成员担任，按二次工作安全措施票的顺序进行。上述工作至少由两人进行。《安规》(变电部分)：13.4.2

A. 监护人；B. 签发人；C. 负责人；D. 执行人。

答案：D

169. 作业人员在现场工作过程中，凡遇到异常情况（如直流系统接地等）或断路器（开关）跳闸、阀闭锁时，不论与本身工作是否有关，应立即（　　），保持现状，待查明原因，确定与本工作无关时方可继续工作；若异常情况或断路器（开关）跳闸，阀闭锁是本身工作所引起，应保留现场并立即通知运维人员，以便及时处理。《安规》(变电部分)：13.5

A. 中断工作；B. 继续工作；C. 开始维修；D. 停止工作。

答案：D

170. 工作前应做好准备，了解工作地点、（　　）、一次设备及二次设备运行情况、安全措施、试验方案、上次试验记录、图纸、整定值通知单、软件修改申请单，核对控制保护设备、测控设备主机或板卡型号、版本号及跳线设置等是否齐备并符合实际，检查仪器、仪表等试验设备是否完好，核对微机保护及安全自动装置的软件版本号等是否符合实际。《安规》（变电部分）：13.6

A．工作人员；B．工作任务；C．工作形式；D．工作范围。

答案：D

171．现场工作开始前，应检查已做的安全措施是否符合要求，运行设备和检修设备之间的隔离措施是否正确完成，工作时还应仔细核对（　　），严防走错位置。《安规》（变电部分）：13.7

A．运行设备位置；B．检修设备位置；

C．运行设备名称；D．检修设备名称。

答案：D

172．在全部或部分带电的运行屏（柜）上（　　），应将检修设备与运行设备以明显的标志隔开。《安规》（变电部分）：13.8

A．开始工作前；B．开始工作时；

C．进行工作时；D．进行工作后。

答案：C

173．在继电保护装置、（　　）及自动化监控系统屏（柜）上或附近进行打眼等振动较大的工作时，应采取防止运行中设备误动作的措施，必要时向调控中心申请，经值班调控人员或运维负责人同意，将保护暂时停用。《安规》（变电部分）：13.9

A．自动投切装置；B．安全自动装置；

C．变电二次设备；D．变电一次设备。

答案：B

174．在继电保护、安全自动装置及自动化监控系统屏间的通道上搬运或安放试验设备时，不能阻塞通道，（　　），防止事故处理时通道不畅，防止误碰运行设备，造成相关运行设备继电保护误动作。清扫运行设备和二次回路时，要防止振动、防止误碰，要使用绝缘工具。《安规》（变电部分）：13.10

A．要与检修设备保持一定间距；

B．要与运行设备保持一定间距；

C．要与检修设备保持一定距离；

D．要与运行设备保持一定距离。

答案：D

175．继电保护、（　　）做传动试验或一次通电或进行直流输电系统功能试验时，应通知运维人员和有关人员，并由工作负责人或由他指派专人到现场监视，方可进行。《安规》（变电部分）：13.11

A．继电保护装置；B．安全自动装置及自动化监控系统；

C．安全自动装置；D．自动化监控系统。

答案：B

176．所有电流互感器和电压互感器的二次绕组应有一点且仅有一点永久性的、可靠的（　　）。《安规》（变电部分）：13.12

A．绝缘；B．保护接地；C．接地；D．保护。

答案：B

177．在带电的电流互感器二次回路上工作时，应采取下列安全措施：禁止将（　　）（光电流互感器除外）。《安规》（变电部分）：13.13

A．电流互感器一次侧开路；B．电流互感器二次侧开路；

C．电流互感器一次侧短路；D．电流互感器二次侧短路。

答案：B

178．在带电的电压互感器二次回路上工作时，应采取下列安全措施：严格防止短路或接地。应使用绝缘工具，戴手套。必要时，（　　）申请停用有关保护装置、安全自动装置或自动化监控系统。《安规》（变电部分）：13.14

A．工作后；B．工作中；C．工作时；D．工作前。

答案：D

179．二次回路通电或耐压试验前，应通知运维人员和有关人员，并派人到现场看守，检查（　　）上确无人工作后，方可加压。

电压互感器的二次回路通电试验时，为防止由二次侧向一次侧反充电，除应将二次回路断开外，还应取下电压互感器高压熔断器或断开电压互感器一次刀闸。直流输电系统单极运行时，禁止对停运极中性区域互感器进行注流或加压试验。

运行极的一组直流滤波器停运检修时，禁止对该组直流滤波器内与直流极保护相关的电流互感器进行注流试验。《安规》（变电部分）：13.15

A．二次回路；B．一次设备；

C．二次回路及一次设备；D．二次设备。

答案：C

180．在光纤回路工作时，应采取相应防护措施防止激光（　　）。《安规》（变电部分）：13.16

A．对视力造成伤害；B．对人身造成伤害；

C．对器官造成伤害；D．对人眼造成伤害。

答案：D

181．检验继电保护、（　　）、自动化监控系统和仪表的作业人员，不准对运行中的设备、信号系统、保护压板进行操作，但在取得运维人员许可并在检修工作盘两侧开关把手上采取防误操作措施后，可拉合检修断路器（开关）。《安规》（变电部分）：13.17

A．自动投切装置；B．线路通断装置；

C．测量仪器装置；D．安全自动装置。

答案：D

182．试验用闸刀应有熔丝并带罩，被检修设备及试验仪器禁止从运行设备上直接取试验电源，熔丝配合要适当，要防止越级熔断总电源熔丝。试验接线要经（　　）复查后，方可通电。《安规》（变电部分）：13.18

A．工作人员；B．试验人员；C．多人；D．第二人。

答案：D

183．继电保护装置、安全自动装置和自动化监控系统的二次回路变动时，应按经审批后的图纸进行，无用的接线应隔离清楚，

（　　）。《安规》（变电部分）：13.19

A．防止误触；B．防止误拆；

C．防止产生寄生回路；D．防止误拆或产生寄生回路。

答案：D

184．试验工作结束后，按（　　）逐项恢复同运行设备有关的接线，拆除临时接线，检查装置内无异物，屏面信号及各种装置状态正常，各相关压板及切换开关位置恢复至工作许可时的状态。二次工作安全措施票应随工作票归档保存 1 年。《安规》（变电部分）：13.20

A．“一次工作措施票”；B．“二次工作措施票”；

C．“一次工作安全措施票”；D．“二次工作安全措施票”。

答案：D

185．高压试验应填用变电站（发电厂）第（　　）种工作票。《安规》（变电部分）：14.1.1

A 一；B．二；C．三；D．四。

答案：D

186．高压试验工作（　　）。试验负责人应由有经验的人员担任，开始试验前，试验负责人应向全体试验人员详细布置试验中的安全注意事项，交待邻近间隔的带电部位，以及其他安全注意事项。《安规》（变电部分）：14.1.2

A．不得少于两人；B．不得多于两人；

C．不得少于三人；D．不得少于三人。

答案：A

187．因试验需要断开设备接头时，拆前应（　　），接后应进行检查。《安规》（变电部分）：14.1.3

A．做好试验；B．做好标注；C．进行标识；D．做好标记。

答案：D

188．试验装置的金属外壳应可靠接地；（　　），并采用专用的高压试验线，必要时用绝缘物支持牢固。

试验装置的电源开关，应使用明显断开的双极刀闸。为了防止误合刀闸，可在刀刃或刀座上加绝缘罩。

试验装置的低压回路中应有两个串联电源开关，并加装过载自动跳闸装置。《安规》（变电部分）：14.1.4

A．低压引线应尽量延长；B．低压引线应尽量缩短；

C．高压引线应尽量延长；D．高压引线应尽量缩短。

答案：D

189．试验现场应装设遮栏或围栏，遮栏或围栏与试验设备高压部分应有足够的安全距离，向外悬挂（　　）的标示牌，并派人看守。被试设备两端不在同一地点时，另一端还应派人看守。《安规》（变电部分）：14.1.5

A．“由此上下！”；B．“禁止分闸！”；

C．“禁止合闸！”；D．“止步，高压危险！”。

答案：D

190．加压前应认真检查试验接线，使用规范的短路线，（　　）、量程、调压器零位及仪表的开始状态均正确无误，经确认后，通知所有人员离开被试设备，并取得试验负责人许可，方可加压。加压过程中应有人监护并呼唱。

高压试验作业人员在全部加压过程中，应精力集中，随时警戒异常现象发生，操作人应站在绝缘垫上。《安规》（变电部分）：14.1.6

A．电阻；B．电压；C．电流；D．表计倍率。

答案：D

第二节　判　断　题

1．在带电作业过程中如设备突然停电，作业人员应视设备仍然带电。工作负责人应尽快与调度联系，值班调控人员未与工作负责人取得联系前不得强送电。《安规》（变电部分）：9.1.9　（　　）

答案：正确

2. 35kV 及以下的带电设备，不能满足 6m 时，不应采取可靠的绝缘隔离措施。《安规》(变电部分)：9.2.1 (　　)

答案：错误

3. 带电作业不得使用非绝缘绳索（如棉纱绳、白棕绳、钢丝绳）。《安规》(变电部分)：9.2.3 (　　)

答案：正确

4. 更换绝缘子串和移动导线的作业，当采用单吊（拉）线装置时，不应采取防止导线脱落时的后备保护措施。《安规》(变电部分)：9.2.5 (　　)

答案：错误

5. 在绝缘子串未脱离导线前，拆、装靠近横担的第一片绝缘子时，应采用专用短接线或穿屏蔽服方可直接进行操作。《安规》(变电部分)：9.2.6 (　　)

答案：正确

6. 在市区或人口稠密的地区进行带电作业时，工作现场应设置围栏，不用派专人监护，禁止非作业人员入内。《安规》(变电部分)：9.2.7 (　　)

答案：错误

7. 非特殊需要，不应在跨越处下方或邻近有电力线路或其他弱电线路的档内进行带电架、拆线的工作。如需进行，则应制订可靠的安全技术措施，经本单位批准后，方可进行《安规》(变电部分)：9.2.8 (　　)

答案：正确

8. 等电位作业一般在 66、±125kV 及以上电压等级的电力线路和电气设备上进行。若需在 35kV 电压等级进行等电位作业时，应采取可靠的绝缘隔离措施。20kV 及以下电压等级的电力线路和电气设备上不得进行等电位作业。《安规》(变电部分)：9.3.1 (　　)

答案：正确

9．不用等电位作业人员应在衣服外面穿合格的全套屏蔽服（包括帽、衣裤、手套、袜和鞋，750、1000kV等电位作业人员还应戴面罩），且各部分应连接良好。屏蔽服内还应穿着阻燃内衣。禁止通过屏蔽服断/接接地电流、空载线路和耦合电容器的电容电流。《安规》（变电部分）：9.3.2 （ ）

答案：错误

10．等电位作业人员沿绝缘子串进入强电场的作业，一般在220kV及以上电压等级的绝缘子串上进行。《安规》（变电部分）：9.3.5 （ ）

答案：正确

11．750、1000kV应使用电位转移棒进行电位转移。《安规》（变电部分）：9.3.6 （ ）

答案：正确

12．在连续档距的导、地线上挂梯（或飞车）时，其导、地线的截面不得小于：钢芯铝绞线和铝合金绞线 120mm^2；钢绞线 50mm^2（等同OPGW光缆和配套的LGJ—70/40导线）。《安规》（变电部分）：9.3.8.1 （ ）

答案：正确

13．在导、地线上悬挂梯子、飞车进行等电位作业前，应检查本档两端杆塔处导、地线的紧固情况。《安规》（变电部分）：9.3.8.3 （ ）

答案：正确

14．在瓷横担线路上禁止挂梯作业，在转动横担的线路上挂梯前应将横担固定。《安规》（变电部分）：9.3.8.4 （ ）

答案：正确

15．等电位作业人员在作业中禁止用酒精、汽油等易燃品擦拭带电体及绝缘部分，防止起火。《安规》（变电部分）：9.3.9 （ ）

答案：正确

16．可以用断、接空载线路的方法使两电源解列或并列。《安规》（变电部分）：9.4.2　　（　　）

答案：错误

17．带电断、接耦合电容器时，应将其接地开关合上、停用高频保护和信号回路。被断开的电容器应立即对地放电。《安规》（变电部分）：9.4.3　　（　　）

答案：正确

18．带电断/接空载线路、耦合电容器、避雷器、阻波器等设备引线时，不用采取防止引流线摆动的措施。《安规》（变电部分）：9.4.4　　（　　）

答案：错误

19．用分流线短接断路器（开关）、隔离开关（刀闸）、跌落式熔断器等载流设备，应遵守下列规定：

1）短接前一定要核对相位。

2）组装分流线的导线处应清除氧化层，且线夹接触应牢固可靠。

3）断路器（开关）应处于合闸位置，并取下跳闸回路熔断器，锁死跳闸机构后，方可短接。

4）分流线应支撑好，以防摆动造成接地或短路。《安规》（变电部分）：9.5.1　　（　　）

答案：正确

20．阻波器被短接前，严防等电位作业人员人体短接阻波器。《安规》（变电部分）：9.5.2　　（　　）

答案：正确

21．短接开关设备或阻波器的分流线截面和两端线夹的载流容量应满足最大负荷电流的要求。《安规》（变电部分）：9.5.3　（　　）

答案：正确

22．带电水冲洗一般应在良好天气时进行。风力大于4级，气温低于－3℃，或雨、雪、雾、雷电及沙尘暴天气时不宜进行。

冲洗时，操作人员应戴绝缘手套、穿绝缘靴。《安规》(变电部分):
9.6　（　）

答案：正确

23．带电水冲洗作业前应掌握绝缘子的脏污情况，当盐密值大于最大临界盐密值，一般可以进行水冲洗，否则，应增大水电阻率来补救。避雷器及密封不良的设备不宜进行带电水冲洗。《安规》(变电部分): 9.6.2　（　）

答案：错误

24．带电冲洗前应注意调整好水泵压强，使水柱射程远且水流密集。当水压不足时，不得将水枪对准被冲洗的带电设备。冲洗用水泵应良好接地。《安规》(变电部分): 9.6.5　（　）

答案：正确

25．带电水冲洗应注意选择合适的冲洗方法。直径较大的绝缘子宜采用双枪跟踪法或其他方法，并应防止被冲洗设备表面出现污水线。当被冲绝缘子未冲洗干净时，禁止中断冲洗，以免造成闪络。《安规》(变电部分): 9.6.6　（　）

答案：正确

26．带电水冲洗前不必确知设备绝缘是否良好。有零值及低值的绝缘子及瓷质有裂纹时，一般不可冲洗。《安规》(变电部分):
9.6.7　（　）

答案：错误

27．冲洗悬垂、耐张绝缘子串、瓷横担时，应从导线侧向横担侧依次冲洗。冲洗支柱绝缘子及绝缘瓷套时，应从下向上冲洗。《安规》(变电部分): 9.6.8　（　）

答案：正确

28．冲洗绝缘子时，应注意风向，应先冲下风侧，后冲上风侧；对于上、下层布置的绝缘子应先冲下层，后冲上层。还要注意冲洗角度，严防临近绝缘子在溅射的水雾中发生闪络。《安规》(变电部分): 9.6.9　（　）

答案：正确

29．进行带电清扫工作时，绝缘操作杆的有效长度不准小于1.3m。《安规》（变电部分）：9.7.1 （ ）

答案：错误

30．在使用带电清扫机械进行清扫前，应确认：清扫机械工况（电机及控制部分、软轴及传动部分等）完好，绝缘部件无变形、脏污和损伤，毛刷转向正确，清扫机械已可靠接地。《安规》（变电部分）：9.7.2 （ ）

答案：正确

31．带电清扫作业人员应站在上风侧位置作业，应戴口罩、护目镜。《安规》（变电部分）：9.7.3 （ ）

答案：正确

32．在 330kV 及以上电压等级的线路杆塔上及变电站构架上作业，应采取防静电感应措施，例如穿戴相应等级全套屏蔽服（包括帽、上衣、裤子、手套、鞋等）或静电感应防护服、导电鞋等（220kV 线路杆塔上作业时宜穿导电鞋）。在±400kV 及以上电压等级的直流线路单极停电侧进行工作时，应穿着全套屏蔽服。《安规》（变电部分）：9.8.1 （ ）

答案：正确

33．用绝缘绳索传递大件金属物品（包括工具、材料等）时，杆塔或地面上作业人员应将金属物品接地后再接触，以防电击。《安规》（变电部分）：9.8.3 （ ）

答案：正确

34．高架绝缘斗臂车应经检验合格。斗臂车操作人员应熟悉带电作业的有关规定，并经专门培训，考试合格、不必持证上岗。《安规》（变电部分）：9.9.1 （ ）

答案：错误

35．高架绝缘斗臂车的工作位置应选择适当，支撑应稳固可靠，并有防倾覆措施。使用前应在预定位置空斗试操作十次，确

认液压传动、回转、升降、伸缩系统工作正常、操作灵活，制动装置可靠。《安规》（变电部分）：9.9.2　（　）

答案：错误

36．绝缘斗中的作业人员应不使用安全带和绝缘工具。《安规》（变电部分）：9.9.3　（　）

答案：错误

37．高架绝缘斗臂车操作人员不必服从工作负责人的指挥，作业时应注意周围环境及操作速度。在工作过程中，高架绝缘斗臂车的发动机不准熄火。接近和离开带电部位时，应由斗臂中人员操作，但下部操作人员不准离开操作台。《安规》（变电部分）：9.9.4　（　）

答案：错误

38．绝缘臂下节的金属部分，在仰起回转过程中，对带电体的距离应按规定值增加 0.5m。工作中车体应良好接地。《安规》（变电部分）：9.9.6　（　）

答案：正确

39．保护间隙的接地线应用多股软铜线。其截面应满足接地短路容量的要求，但不得小于 $25mm^2$。《安规》（变电部分）：9.10.1　（　）

答案：正确

40．进行直接接触 2000kV 及以下电压等级带电设备的作业时，应穿着合格的绝缘防护用具（绝缘服或绝缘披肩、绝缘手套、绝缘鞋）；使用的安全带、安全帽应有良好的绝缘性能，必要时戴护目镜。使用前应对绝缘防护用具进行外观检查。作业过程中禁止摘下绝缘防护用具。《安规》（变电部分）：9.12.1　（　）

答案：错误

41．作业时，作业区域带电导线、绝缘子等应采取相间、相对地的绝缘隔离措施。绝缘隔离措施的范围应比作业人员活动范围增加 0.4m 以上。实施绝缘隔离措施时，应按先近后远、先下后上的顺序进行，拆除时顺序相反。装、拆绝缘隔离措施时应逐相进行。禁止同时拆除带电导线和地电位的绝缘隔离措施；禁止同时接触两个非连通的带电导体或带电导体与接地导体。《安规》(变电部分)：9.12.2 （ ）

答案：正确

42．作业人员进行换相工作转移前，应得到工作监护人的同意。《安规》(变电部分)：9.12.3 （ ）

答案：正确

43．带电作业工具应存放于通风良好、清洁干燥的专用工具房内。工具房门窗应密闭严实，地面、墙面及顶面应采用不起尘、阻燃材料制作。室内的相对湿度应保持在 50%～70%。室内温度应略高于室外，且不宜低于 0℃。《安规》(变电部分)：9.13.1.1 （ ）

答案：正确

44．带电作业工具房进行室内通风时，应在干燥的天气进行，并且室外的相对湿度不得高于 25%。通风结束后，应立即检查室内的相对湿度，并加以调控。《安规》(变电部分)：9.13.1.2 （ ）

答案：错误

45．带电作业工具房应配备：湿度计、温度计，抽湿机（数量以满足要求为准），辐射均匀的加热器，足够的工具摆放架、吊架和灭火器等。《安规》(变电部分)：9.13.1.3 （ ）

答案：正确

46．带电作业工具不必统一编号、专人保管、登记造册，并建立试验、检修、使用记录。《安规》(变电部分)：9.13.1.4 （ ）

答案：错误

47．有缺陷的带电作业工具应及时修复，不合格的应及时报废，可以继续使用。《安规》(变电部分)：9.13.1.5 （ ）

答案：错误

48．高架绝缘斗臂车应存放在干燥通风的车库内，其绝缘部

分不可以有防潮措施。《安规》（变电部分）：9.13.1.6　　（　　）

答案：错误

49. 带电作业工具不应该绝缘良好、连接牢固、转动灵活，并按厂家使用说明书、现场操作规程正确使用。《安规》（变电部分）：9.13.2.1　　（　　）

答案：错误

50. 带电作业工具使用前应根据工作负荷校核机械强度，或满足规定的安全系数。《安规》（变电部分）：9.13.2.2　　（　　）

答案：错误

51. 带电作业工具在运输过程中，带电绝缘工具应装在专用工具袋、工具箱或专用工具车内，以防受潮和损伤。发现绝缘工具受潮或表面损伤、脏污时，应及时处理并经试验或检测合格后方可使用。《安规》（变电部分）：9.13.2.3　　（　　）

答案：正确

52. 进入作业现场不必将使用的带电作业工具放置在防潮的帆布或绝缘垫上，防止绝缘工具在使用中脏污和受潮。《安规》（变电部分）：9.13.2.4　　（　　）

答案：错误

53. 带电作业工具使用前，仔细检查确认没有损坏、受潮、变形、失灵，否则禁止使用。并使用 2500V 及以上绝缘电阻表或绝缘检测仪进行分段绝缘检测（电极宽 2cm，极间宽 2cm），阻值应不低于 700MΩ。操作绝缘工具时应戴清洁、干燥的手套。《安规》（变电部分）：9.13.2.5　　（　　）

答案：正确

54. 带电作业工具应定期进行电气试验及机械试验，其试验周期为：

电气试验：预防性试验每年一次，检查性试验每年一次，两次试验间隔半年。

机械试验：绝缘工具每年一次，金属工具两年一次。《安规》

（变电部分）：9.13.3.1 （ ）

答案：错误

55．绝缘工具的检查性试验条件是：将绝缘工具分成若干段进行工频耐压试验，每 300mm 耐压 75kV，时间为 100min，以无击穿、闪络及过热为合格。《安规》（变电部分）：9.13.3.3 （ ）

答案：错误

56．整套屏蔽服装各最远端点之间的电阻值均不得大于 200Ω。《安规》（变电部分）：9.13.3.6 （ ）

答案：错误

57．带电作业工具的机械预防性试验标准：

静荷重试验：1.2 倍额定工作负荷下持续 1min，工具无变形及损伤者为合格。

动荷重试验：10 倍额定工作负荷下操作 3 次，工具灵活、轻便、无卡住现象为合格。《安规》（变电部分）：9.13.3.7 （ ）

答案：错误

58．检修发电机、同期调相机和高压电动机应填用变电站（发电厂）第一种工作票。《安规》（变电部分）：10.1 （ ）

答案：正确

59．发电厂主要机组（锅炉、汽轮机、燃机、发电机、水轮机、水泵水轮机）停用检修，只需第一天办理开工手续，以后每天开工时，应由工作负责人检查现场，核对安全措施。检修期间工作票始终由工作负责人保存在工作地点。在同一机组的几个电动机上依次工作时，可填用一张工作票。《安规》（变电部分）：10.2

（ ）

答案：正确

60．检修发电机、同期调相机应做好下列安全措施：断开发电机、励磁机（励磁变压器）、同期调相机的断路器（开关）和隔离开关（刀闸）。《安规》（变电部分）：10.3 （ ）

答案：正确

61．转动着的发电机、同期调相机，即使未加励磁，亦应认为有电压。

禁止在转动着的发电机、同期调相机的回路上工作，或用手触摸高压绕组。必须不停机进行紧急修理时，应先将励磁回路切断，投入自动灭磁装置，然后将定子引出线与中性点短路接地，在拆装短路接地线时，应戴绝缘手套，穿绝缘靴或站在绝缘垫上，并戴防护眼镜。《安规》（变电部分）：10.4　（　）

答案：正确

62．测量轴电压和在转动着的发电机上用电压表测量转子绝缘的工作，应使用专用电刷，电刷上应装有300mm以上的绝缘柄。《安规》（变电部分）：10.5　（　）

答案：正确

63．使用携带型火炉或喷灯时，火焰与带电部分的距离：电压在10kV及以下者，可以小于1.5m；电压在10kV以上者，不得小于3m。不准在带电导线、带电设备、变压器、油断路器（开关）附近以及在电缆夹层、隧道、沟洞内对火炉或喷灯加油及点火。在电缆沟盖板上或旁边进行动火工作时需采取必要的防火措施。《安规》（变电部分）：15.2.1.14　（　）

答案：错误

64．制作环氧树脂电缆头和调配环氧树脂工作过程中，应采取有效的防毒和防火措施。《安规》（变电部分）：15.2.1.15　（　）

答案：正确

65．电缆施工完成后应将穿越过的孔洞进行封堵。《安规》（变电部分）：15.2.1.15　（　）

答案：正确

66．非开挖施工的安全措施：采用非开挖技术施工前，不必首先探明地下各种管线及设施的相对位置。《安规》（变电部分）：15.2.1.17　（　）

答案：错误

67．电力电缆试验要拆除接地线时，应征得工作许可人的许可（根据调控人员指令装设的接地线，应征得调控人员的许可），方可进行。工作完毕后立即恢复。《安规》（变电部分）：15.2.2.1（　　）

答案：正确

68．电缆耐压试验前，加压端应做好安全措施，防止人员误入试验场所。另一端应设置围栏并挂上警告标示牌。如另一端是上杆的或是锯断电缆处，不必派人看守。《安规》（变电部分）：15.2.2.2（　　）

答案：正确

69．电缆的试验过程中，更换试验引线时，应先对设备充分放电，作业人员应戴好绝缘手套。《安规》（变电部分）：15.2.2.4（　　）

答案：正确

70．电缆耐压试验分相进行时，另两相电缆不必接地。《安规》（变电部分）：15.2.2.5（　　）

答案：错误

71．电缆试验结束，应对被试电缆进行充分放电，并在被试电缆上加装临时接地线，待电缆尾线接通后才可拆除。《安规》（变电部分）：15.2.2.6（　　）

答案：正确

72．电缆故障声测定点时，禁止直接用手触摸电缆外皮或冒烟小洞。《安规》（变电部分）：16.1.1（　　）

答案：正确

73．在楼板和结构上打孔或在规定地点以外安装起重滑车或堆放重物等，不必事先经过本单位有关技术部门的审核许可。规定放置重物及安装滑车的地点应标以明显的标记（标出界限和荷重限度）。《安规》（变电部分）：16.1.2（　　）

答案：错误

74．变电站（生产厂房）内外工作场所的井、坑、孔、洞或沟道，应覆以与地面齐平而坚固的盖板。在检修工作中如需将盖板取下，应设临时围栏。临时打的孔、洞，施工结束后，应恢复原状。《安规》(变电部分)：16.1.2　（　）

答案：正确

75．所有升降口、大小孔洞、楼梯和平台，应装设不低于1050mm高的栏杆和不低于100mm高的护板。如在检修期间需将栏杆拆除时，应装设临时遮栏，并在检修结束时将栏杆立即装回。临时遮栏应由上、下两道横杆及栏杆柱组成。上杆离地高度为1050～1200mm，下杆离地高度为500～600mm，并在栏杆下边设置严密固定的高度不低于180mm 的挡脚板。原有高度1000mm的栏杆可不作改动。《安规》(变电部分)：16.1.3　（　）

答案：正确

76．变电站（生产厂房）内外的电缆，在进入控制室、电缆夹层、控制柜、开关柜等处的电缆孔洞，应用防火材料严密封闭。《安规》(变电部分)：16.1.4　（　）

答案：正确

77．特种设备［锅炉、压力容器（含气瓶）、压力管道、电梯、起重机械、场（厂）内专用机动车辆］，在使用前应经特种设备检验检测机构检验合格，取得合格证并制订安全使用规定和定期检验维护制度。同时，在投入使用前或者投入使用后30日内，使用单位应当向直辖市或者设有区的市的特种设备安全监督管理部门登记。《安规》(变电部分)：16.1.5　（　）

答案：正确

78．各生产场所应有逃生路线的标示。《安规》(变电部分)：16.1.6　（　）

答案：正确

79．直流输电系统正常运行时，人员进入阀厅巡视走道宜佩戴耳罩。《安规》(变电部分)：16.1.7　（　）

答案：正确

80．在带电设备周围可以使用钢卷尺、皮卷尺和线尺（夹有金属丝者）进行测量工作。《安规》(变电部分)：16.1.8　（　）

答案：错误

81．在户外变电站和高压室内搬动梯子、管子等长物，应两人放倒搬运，并与带电部分保持足够的安全距离。《安规》(变电部分)：16.1.9　（　）

答案：正确

82．在变、配电站（开关站）的带电区域内或临近带电线路处，可以使用金属梯子。《安规》(变电部分)：16.1.10　（　）

答案：错误

83．机器的转动部分应装有防护罩或其他防护设备（如栅栏），露出的轴端应设有护盖，以防绞卷衣服。禁止在机器转动时，从联轴器（靠背轮）和齿轮上取下防护罩或其他防护设备。《安规》(变电部分)：16.2.1　（　）

答案：正确

84．变电站（生产厂房）外墙、竖井等处固定的爬梯，应牢固可靠，并设护笼，高百米以上的爬梯，中间应设有休息的平台，并应定期进行检查和维护。上爬梯应逐档检查爬梯是否牢固，上下爬梯应抓牢，并不准两手同时抓一个梯阶。垂直爬梯宜设置人员上下作业的防坠安全自锁装置或速差自控器，并制定相应的使用管理规定。《安规》(变电部分)：16.2.2　（　）

答案：正确

85．所有电气设备的金属外壳均应有良好的接地装置。使用中不准将接地装置拆除或对其进行任何工作。《安规》(变电部分)：16.3.1　（　）

答案：正确

86．手持电动工器具如有绝缘损坏、电源线护套破裂、保护线脱落、插头插座裂开或有损于安全的机械损伤等故障时，应立即进行修理，在未修复前，可以继续使用。《安规》(变电部分)：

16.3.2　（　）

答案：错误

87．遇有电气设备着火时，应立即将有关设备的电源切断，然后进行救火。《安规》（变电部分）：16.3.3　（　）

答案：正确

88．工作场所的照明，不必保证足够的亮度。在操作盘、重要表计、主要楼梯、通道、调控中心、机房、控制室等地点，还应设有事故照明。现场的临时照明线路应相对固定，并经常检查、维修。照明灯具的悬挂高度应不低于2.5m，并不得任意挪动；低于2.5m时应设保护罩。《安规》（变电部分）：16.3.4　（　）

答案：错误

89．检修动力电源箱的支路开关都应加装剩余电流动作保护器（漏电保护器）并应定期检查和试验。《安规》（变电部分）：16.3.5　（　）

答案：正确

90．可以使用已变形、已破损或有故障的机具。《安规》（变电部分）：16.4.1.1　（　）

答案：错误

91．大锤和手锤的锤头应完整，其表面应光滑微凸，不准有歪斜、缺口、凹入及裂纹等情形。大锤及手锤的柄应用整根的硬木制成，不准用大木料劈开制作，也不能用其他材料替代，应装得十分牢固，并将头部用楔栓固定。锤把上不可有油污。不准戴手套或用单手抡大锤，周围不准有人靠近。狭窄区域，使用大锤应注意周围环境，避免反击力伤人。《安规》（变电部分）：16.4.1.2　（　）

答案：正确

92．用凿子凿坚硬或脆性物体时（如生铁、生铜、水泥等），应戴防护眼镜，必要时装设安全遮栏，以防碎片打伤旁人。凿子被锤击部分有伤痕不平整、沾有油污等，不准使用。《安规》（变

电部分）：16.4.1.3 （ ）

答案：正确

93．锉刀、手锯、木钻、螺丝刀等的手柄应安装牢固，没有手柄的不准使用。《安规》（变电部分）：16.4.1.4 （ ）

答案：正确

94．使用钻床时，应将工件设置牢固后，方可开始工作。清除钻孔内金属碎屑时，应先停止钻头的转动。禁止用手直接清除铁屑。使用钻床时不准戴手套。《安规》（变电部分）：16.4.1.5 （ ）

答案：正确

95．使用锯床时，工件应夹牢，长的工件两头应垫牢，并防止工件锯断时伤人。《安规》（变电部分）：16.4.1.6 （ ）

答案：正确

96．使用射钉枪、压接枪等爆发性工具时，除严格遵守说明书的规定外，不应该遵守爆破的有关规定。《安规》（变电部分）：16.4.1.7 （ ）

答案：错误

97．砂轮应进行定期检查。砂轮应无裂纹及其他不良情况。砂轮应装有用钢板制成的防护罩，其强度应保证当砂轮碎裂时挡住碎块。防护罩至少要把砂轮的上半部罩住。禁止使用没有防护罩的砂轮（特殊工作需要的手提式小型砂轮除外）。砂轮机的安全罩应完整。

（1）应经常调节防护罩的可调护板，使可调护板和砂轮间的距离不大于 1.6mm。

（2）应随时调节工件托架以补偿砂轮的磨损，使工件托架和砂轮间的距离不大于 2mm。

（3）使用砂轮研磨时，应戴防护眼镜或装设防护玻璃。用砂轮磨工具时应使火星向下。不准用砂轮的侧面研磨。

98．无齿锯应符合上述各项规定。使用时操作人员应站在锯片的侧面，锯片应缓慢地靠近被锯物件，不准用力过猛。《安规》

（变电部分）：16.4.1.8　（　）

答案：正确

99．电气工具和用具应由专人保管，每6个月应由电气试验单位进行定期检查；使用前应检查电线是否完好，有无接地线；不合格的禁止使用；使用时应按有关规定接好剩余电流动作保护器（漏电保护器）和接地线；使用中发生故障，应立即修复。《安规》（变电部分）：16.4.2.1　（　）

答案：正确

100．使用金属外壳的电气工具时不用戴绝缘手套。《安规》（变电部分）：16.4.2.2　（　）

答案：错误

101．使用电气工具时，不准提着电气工具的导线或转动部分。在梯子上使用电气工具，应做好防止感电坠落的安全措施。在使用电气工具工作中，因故离开工作场所或暂时停止工作以及遇到临时停电时，应立即切断电源。《安规》（变电部分）：16.4.2.3　（　）

答案：正确

102．使用手持行灯应注意下列事项：

（1）手持行灯电压不准超过36V。在特别潮湿或周围均属金属导体的地方工作时，如在金属容器或水箱等内部，行灯的电压不准超过12V。

（2）行灯电源应由携带式或固定式的隔离变压器供给，变压器不准放在金属容器或水箱等内部。

（3）携带式行灯变压器的高压侧，应带插头，低压侧带插座，并采用两种不能互相插入的插头。　（　）

答案：正确

103．行灯变压器的外壳应有良好的接地线，高压侧宜使用双相两极带接地插头。《安规》（变电部分）：16.4.2.4　（　）

答案：错误

104．电动的工具、机具不必接地或接零良好。《安规》（变电

部分）：16.4.2.5（　　）

答案：错误

105．电气工具和用具的电线不准接触热体，不要放在湿地上，并避免载重车辆和重物压在电线上。《安规》（变电部分）：16.4.2.6（　　）

答案：正确

106．移动式电动机械和手持电动工具的单相电源线应使用三芯软橡胶电缆；三相电源线在三相四线制系统中应使用四芯软橡胶电缆，在三相五线制系统中宜使用五芯软橡胶电缆。连接电动机械及电动工具的电气回路应单独设开关或插座，并装设剩余电流动作保护器（漏电保护器），金属外壳应接地；电动工具应做到“一机一闸一保护”。《安规》（变电部分）：16.4.2.7（　　）

答案：正确

107．长期停用或新领用的电动工具应用500V的绝缘电阻表测量其绝缘电阻，如带电部件与外壳之间的绝缘电阻值达不到200MΩ，应进行维修处理。对正常使用的电动工具也应对绝缘电阻进行定期测量、检查。《安规》（变电部分）：16.4.2.8（　　）

答案：错误

108．电动工具的电气部分经维修后，应进行绝缘电阻测量及绝缘耐压试验，试验电压参见GB3787－2006《手持式电动工具的管理、使用、检查和维修安全技术规程》中的相关规定。试验时间为1min。《安规》（变电部分）：16.4.2.9（　　）

答案：正确

109．在一般作业场所（包括金属构架上），应使用Ⅱ类电动工具（带绝缘外壳的工具）。在潮湿或含有酸类的场地上以及在金属容器内应使用24V及以下电动工具，否则应使用带绝缘外壳的工具，并装设额定动作电流不大于10mA，一般型（无延时）的剩余电流动作保护器（漏电保护器），且应设专人不间断地监护。剩余电流动作保护器（漏电保护器）、电源连接器和控制箱等应放在

容器外面。电动工具的开关应设在监护人伸手可及的地方。《安规》（变电部分）：16.4.2.10　（　）

答案：正确

110．空气压缩机应保持润滑良好，压力表准确，自动启、停装置灵敏，安全阀可靠，并应由专人维护；压力表、安全阀、调节器及储气罐等不必定期进行校验和检验。《安规》（变电部分）：16.4.3.1　（　）

答案：错误

111．禁止用汽油或煤油洗刷空气滤清器以及其他空气通路的零件。《安规》（变电部分）：16.4.3.2　（　）

答案：正确

112．输气管应避免急弯。打开进风阀前，应事先通知作业地点的有关人员。出气口处不得有人工作，储气罐放置地点应通风，且禁止日光曝晒或高温烘烤。《安规》（变电部分）：16.4.3.3　（　）

答案：正确

113．潜水泵应重点检查下列项目且应符合要求：

（1）外壳不准有裂缝、破损。

（2）电源开关动作应正常、灵活。

（3）机械防护装置应完好。

（4）电气保护装置应良好。

（5）校对电源的相位，通电检查空载运转，防止反转。《安规》（变电部分）：16.4.4.1　（　）

答案：正确

114．潜水泵工作时，泵的周围30m以内水面不准有人进入。《安规》（变电部分）：16.4.4.2　（　）

答案：正确

115．不熟悉风动工具使用方法和修理方法的作业人员，不准擅自使用或修理风动工具。《安规》（变电部分）：16.4.5.1　（　）

答案：正确

116. 风动工具的锤子、钻头等工作部件，应安装牢固，以防在工作时脱落，可以将带有工作部件的风动工具对准人。工作部件停止转动前不准拆换。《安规》(变电部分)：16.4.5.2　(　　)

答案：错误

117. 风动工具的软管应和工具连接牢固。连接前应把软管吹净。可以再没有停止送风时才可拆装软管。《安规》(变电部分)：16.4.5.3　(　　)

答案：错误

118. 不准在带有压力（液体压力或气体压力）的设备上或带电的设备上进行焊接。在特殊情况下需在带压和带电的设备上进行焊接时，不必采取安全措施，并经本单位批准。对承重构架进行焊接，应经过有关技术部门的许可。《安规》(变电部分)：16.5.1　(　　)

答案：错误

119. 可以在油漆未干的结构或其他物体上进行焊接。《安规》(变电部分)：16.5.2　(　　)

答案：错误

120. 在重点防火部位和存放易燃易爆物品的场所附近及存有易燃物品的容器上使用电、气焊时，应严格执行动火工作的有关规定，按有关规定填用动火工作票，备有必要的消防器材。《安规》(变电部分)：16.5.3　(　　)

答案：正确

121. 在风力超过5级及下雨雪时，可露天进行焊接或切割工作。如必须进行时，应采取防风、防雨雪的措施。《安规》(变电部分)：16.5.4　(　　)

答案：错误

122. 电焊机的外壳应可靠接地，接地电阻不得大于5Ω。《安规》(变电部分)：16.5.5　(　　)

答案：错误

123．气瓶的存储应符合国家有关规定。《安规》（变电部分）：16.5.6　（　）

答案：正确

124．气瓶搬运应使用专门的抬架或手推车。《安规》（变电部分）：16.5.7　（　）

答案：正确

125．用汽车运输气瓶时，气瓶可以顺车厢纵向放置，应横向放置并可靠固定。气瓶押运人员应坐在司机驾驶室内，不准坐在车厢内。《安规》（变电部分）：16.5.8　（　）

答案：错误

126．禁止把氧气瓶及乙炔气瓶放在一起运送，也能与易燃物品或装有可燃气体的容器一起运送。《安规》（变电部分）：16.5.9　（　）

答案：错误

127．氧气瓶内的压力降到 0.2MPa（兆帕），可以再使用。用过的瓶上应写明“空瓶”。《安规》（变电部分）：16.5.10　（　）

答案：错误

128．使用中的氧气瓶和乙炔气瓶应垂直固定放置，氧气瓶和乙炔气瓶的距离可以小于 5m，气瓶的放置地点不准靠近热源，应距明火 10m 以外。《安规》（变电部分）：16.5.11　（　）

答案：错误

129．在防火重点部位或场所以及禁止明火区动火作业，应填用动火工作票，其方式有下列两种：

（1）填用一级动火工作票。

（2）填用二级动火工作票。《安规》（变电部分）：16.6.1　（　）

答案：正确

130．在一级动火区动火作业，应填用一级动火工作票。一级动火区是指火灾危险性很大，发生火灾时后果很严重的部位或场

所。《安规》(变电部分): 16.6.2 (　　)

答案：正确

131．在二级动火区动火作业，应填用二级动火工作票。二级动火区是指一级动火区以外的所有防火重点部位或场所以及禁止明火区。《安规》(变电部分): 16.6.2 (　　)

答案：正确

132．各单位可参照现场情况划分一级和二级动火区，制定出需要执行一级和二级动火工作票的工作项目一览表，并经本单位批准后执行。《安规》(变电部分): 16.6.4: (　　)

答案：正确

133．动火工作票可以代替设备停复役手续或检修工作票、工作任务单和事故紧急抢修单，并应在动火工作票上注明检修工作票、工作任务单和事故紧急抢修单的编号。《安规》(变电部分): 16.6.5 (　　)

答案：错误

134．动火工作票的填写与签发，可以随意更改。《安规》(变电部分): 16.6.6 (　　)

答案：错误

135．动火工作票应使用黑色或蓝色的钢（水）笔或圆珠笔填写与签发，内容应正确，填写应清楚，不得任意涂改。如有个别错、漏字需要修改，应使用规范的符号，字迹应清楚。用计算机生成或打印的动火工作票应使用统一的票面格式，由工作票签发人审核无误，手工或电子签名后方可执行。《安规》(变电部分): 16.6.6.1 (　　)

答案：正确

136．动火工作票一般至少一式三份，一份由工作负责人收执、一份由动火执行人收执、一份保存在安监部门（或具有消防管理职责的部门）（指一级动火工作票）或动火部门（指二级动火工作票）。若动火工作与运行有关，即需要运维人员对设备系统采

取隔离、冲洗等防火安全措施者，还应多一份交运维人员收执。《安规》(变电部分)：16.6.6.1 （　）

答案：正确

137．变电站一级动火工作票由申请动火的工区动火工作票签发人签发，工区安监负责人、消防管理负责人审核，工区分管生产的领导或技术负责人（总工程师）批准，必要时不必报当地公安消防部门批准。《安规》(变电部分)：16.6.6.2 （　）

答案：错误

138．变电站二级动火工作票由申请动火的工区动火工作票签发人签发，工区安监人员、消防人员审核，动火工区分管生产的领导或技术负责人（总工程师）批准。《安规》(变电部分)：16.6.6.2 （　）

答案：正确

139．动火工作票经批准后不必由工作负责人送交运维许可人。《安规》(变电部分)：16.6.6.3 （　）

答案：错误

140．动火工作票签发人可以兼任该项工作的工作负责人。动火工作票由动火工作负责人填写。动火工作票的审批人、消防监护人不准签发动火工作票。《安规》(变电部分)：16.6.6.4 （　）

答案：错误

141．动火单位到生产区域内动火时，动火工作票由设备运维管理单位签发和审批，也可由动火单位和设备运维管理单位实行“双签发”。《安规》(变电部分)：16.6.6.5 （　）

答案：正确

142．变电站一级动火工作票的有效期为 240h，变电站二级动火工作票的有效期为 120h。动火作业超过有效期限，应重新办理动火工作票。《安规》(变电部分)：16.6.7 （　）

答案：错误

143．动火工作票所列人员的基本条件。变电站一、二级动火工作票签发人应是经本单位（动火单位或设备运维管理单位）考试合格并经本单位批准且公布的有关部门负责人、技术负责人或经本单位批准的其他人员。动火工作负责人应是具备检修工作负责人资格并经考试合格的人员。（ ）

答案：错误

144．动火执行人不必具备有关部门颁发的合格证。《安规》（变电部分）：16.6.8（ ）

答案：错误

145．动火工作票所列人员没有安全责任。

《安规》（变电部分）：16.6.9（ ）

答案：错误

146．动火工作票各级审批人员和签发人：

（1）工作的必要性。

（2）工作的安全性。

（3）工作票上所填安全措施是否正确完备。《安规》（变电部分）：16.9.1（ ）

答案：正确

147．动火工作负责人：正确安全地组织动火工作。

（1）负责检修应做的安全措施并使其完善。

（2）向有关人员布置动火工作，交待防火安全措施和进行安全教育。

（3）始终监督现场动火工作。

（4）负责办理动火工作票开工和终结。动火工作间断、终结时检查现场有无残留火种。《安规》（变电部分）：16.6.9.2（ ）

答案：正确

148．运维许可人：

（1）工作票所列安全措施是否正确完备，是否符合现场条件。

（2）动火设备与运行设备是否确已隔绝。

（3）向工作负责人现场交待运维所做的安全措施是否完善。

《安规》（变电部分）：16.6.9.3　（　）

答案：正确

149．消防监护人：

（1）负责动火现场配备必要的、足够的消防设施。

（2）负责检查现场消防安全措施的完善和正确。

（3）测定或指定专人测定动火部位（现场）可燃气体、易燃液体的可燃蒸气含量符合安全要求。

（4）始终监视现场动火作业的动态，发现失火及时扑救。

（5）动火工作间断、终结时检查现场有无残留火种。

《安规》（变电部分）：16.6.9.3　（　）

答案：正确

150．动火执行人：

（1）动火前应收到经审核批准且允许动火的动火工作票。

（2）按本工种规定的防火安全要求做好安全措施。

（3）全面了解动火工作任务和要求，并在规定的范围内执行动火。

（4）动火工作间断、终结时清理现场并检查有无残留火种。

《安规》（变电部分）：16.6.9.5　（　）

答案：正确

151．动火作业不必遵循安全防火要求。《安规》（变电部分）：16.6.10　（　）

答案：错误

152．有条件拆下的构件，如油管、阀门等应拆下来不必移至安全场所。《安规》（变电部分）：16.6.10.1　（　）

答案：错误

153．可以采用动火的方法代替而同样能够达到效果时，尽量采用替代的方法处理。尽可能地把动火时间和范围压缩到最低限度。《安规》（变电部分）：16.6.10.2　（　）

答案：错误

154. 凡盛有或盛过易燃易爆等化学危险物品的容器、设备、管道等生产、储存装置，在动火作业前应将其与生产系统彻底隔离，并进行清洗置换，检测可燃气体、易燃液体的可燃蒸气含量合格后，方可动火作业。《安规》(变电部分)：16.6.10.4 (　　)

答案：正确

155. 动火作业应有专人监护，动火作业前应清除动火现场及周围的易燃物品，不必采取其他有效的安全防火措施，配备足够适用的消防器材。《安规》(变电部分)：16.6.10.5 (　　)

答案：错误

156. 动火作业现场的通排风要良好，以保证泄漏的气体能顺畅排走。《安规》(变电部分)：16.6.10.6 (　　)

答案：正确

157. 动火作业间断或终结后，不可清理现场，确认无残留火种后，方可离开。《安规》(变电部分)：16.6.10.7 (　　)

答案：错误

158. 下列情况禁止动火：

1）压力容器或管道未泄压前。

2）存放易燃易爆物品的容器未清理干净前或未进行有效置换前。

3）风力达 5 级以上的露天作业。

4）喷漆现场。

5）遇有火险异常情况未查明原因和消除前。《安规》(变电部分)：16.6.10.8 (　　)

答案：正确

159. 一级动火在首次动火时，各级审批人和动火工作票签发人均应到现场检查防火安全措施是否正确完备，测定可燃气体、易燃液体的可燃蒸气含量是否合格，并在监护下作明火试验，确无问题后方可动火。

二级动火时，工区分管生产的领导或技术负责人（总工程师）

必须到现场。《安规》（变电部分）：16.6.11.1　（　）

答案：错误

160．一级动火时，工区分管生产的领导或技术负责人（总工程师）、消防（专职）人员应始终在现场监护。《安规》（变电部分）：16.6.11.2　（　）

答案：正确

161．二级动火时，工区应指定人员，并和消防（专职）人员或指定的义务消防员始终在现场监护。《安规》（变电部分）：16.6.11.3　（　）

答案：错误

162．一、二级动火工作在次日动火前应重新检查防火安全措施，并测定可燃气体、易燃液体的可燃蒸气含量，合格不必重新动火。《安规》（变电部分）：16.6.11.4　（　）

答案：错误

163．一级动火工作的过程中，应每隔10～12h测定一次现场可燃气体、易燃液体的可燃蒸气含量是否合格，当发现不合格或异常升高时应立即停止动火，在未查明原因或排除险情前不准动火。动火执行人、监护人同时离开作业现场，间断时间超过30min，继续动火前，动火执行人、监护人应重新确认安全条件。

一级动火作业，间断时间超过2.0h，继续动火前，应重新测定可燃气体、易燃液体的可燃蒸气含量，合格后方可重新动火。《安规》（变电部分）：16.6.11.5　（　）

答案：错误

164．动火工作完毕后，不用动火执行人、消防监护人、动火工作负责人和运维许可人应检查现场有无残留火种，是否清洁等。确认无问题后，在动火工作票上填明动火工作结束时间，经四方签名后（若动火工作与运维无关，则三方签名即可），盖上“已终结”印章，动火工作方告终结。《安规》（变电部分）：16.6.12　（　）

答案：错误

165．动火工作终结后，工作负责人、动火执行人的动火工作票不必交给动火工作票签发人，签发人将其中的一份交工区。《安规》（变电部分）：16.6.13　（　）

答案：错误

166．动火工作票至多应保存1年。《安规》（变电部分）：16.6.14　（　）

答案：错误

167．起重设备需经检验检测机构检验合格，并在特种设备安全监督管理部门登记。《安规》（变电部分）：17.1.1　（　）

答案：正确

168．起重设备的操作人员和指挥人员应经专业技术培训，并经实际操作及有关安全规程考试合格、取得合格证后方可独立上岗作业，其合格证种类应与所操作（指挥）的起重机类型相符合。起重设备作业人员在作业中应当严格执行起重设备的操作规程和有关的安全规章制度。《安规》（变电部分）：17.1.2　（　）

答案：正确

169．起重设备、吊索具和其他起重工具的工作负荷，可以超过铭牌规定。《安规》（变电部分）：17.1.3　（　）

答案：错误

170．一切重大物件的起重、搬运工作应由有经验的专人负责，作业前应向参加工作的全体人员进行技术交底，使全体人员均熟悉起重搬运方案和安全措施。起重搬运时只能由一人统一指挥，必要时可设置中间指挥人员传递信号。起重指挥信号应简明、统一、畅通，分工明确。《安规》（变电部分）：17.1.4　（　）

答案：正确

171．凡属下列情况之一者，应制订专门的安全技术措施，经本单位批准，作业时应有技术负责人在场指导，否则可以施工。《安规》（变电部分）：17.1.5　（　）

答案：错误

172．重量达到起重设备额定负荷的 90%及以上。《安规》（变电部分）：17.1.5.1（　　）

答案：正确

173．两台及以上起重设备抬吊同一物件。《安规》（变电部分）：17.1.5.2（　　）

答案：正确

174．起吊重要设备、精密物件、不易吊装的大件或在复杂场所进行大件吊装。《安规》（变电部分）：17.1.5.3（　　）

答案：正确

175．爆炸品、危险品不必起吊时。《安规》（变电部分）：17.1.5.4（　　）

答案：错误

176．起重设备在带电导体下方或距带电体较近时。《安规》（变电部分）：17.1.5.5（　　）

答案：正确

177．起重物品应绑牢，吊钩要挂在物品的重心线上。《安规》（变电部分）：17.1.6（　　）

答案：正确

178．遇有 6 级以上的大风时，禁止露天进行起重工作。当风力达到 5 级以上时，受风面积较大的物体可以起吊。《安规》（变电部分）：17.1.6（　　）

答案：错误

179．遇有大雾、照明不足、指挥人员看不清各工作地点或起重机操作人员未获得有效指挥时，可以进行起重工作。《安规》（变电部分）：17.1.8（　　）

答案：错误

180．吊物上不许站人，禁止作业人员利用吊钩来上升或下降。《安规》（变电部分）：17.1.9（　　）

答案：正确

181．各种起重设备的安装、使用以及检查、试验等，除应遵守本部分的规定外，并应执行国家、行业有关部门颁发的相关规定、规程和技术标准。《安规》（变电部分）：17.1.10　（　）

答案：正确

182．凡在坠落高度基准面 2m 及以上的高处进行的作业，都应视作高处作业。《安规》（变电部分）：18.1.1　（　）

答案：正确

183．没有得到起重司机的同意，任何人可以随意登上起重机或桥式起重机的轨道。《安规》（变电部分）：17.2.1.1　（　）

答案：错误

184．起重机上不必备有灭火装置，驾驶室内应铺橡胶绝缘垫，禁止存放易燃物品。《安规》（变电部分）：17.2.1.2　（　）

答案：错误

185．在用起重机械应当在每次使用前进行一次常规性检查，并做好记录。起重机械每年至少应做一次全面技术检查。《安规》（变电部分）：17.2.1.3　（　）

答案：正确

186．起吊重物前，应由工作负责人检查悬吊情况及所吊物件的捆绑情况，认为可靠后方准试行起吊。起吊重物稍一离地（或支持物），应再检查悬吊及捆绑情况，认为可靠后方准继续起吊。《安规》（变电部分）：17.2.1.4　（　）

答案：正确

187．可以随意与工作无关人员在起重工作区域内行走或停留。《安规》（变电部分）：17.2.1.5　（　）

答案：错误

188．起吊重物可以随意让其长期悬在空中。有重物悬在空中时，禁止驾驶人员离开驾驶室或做其他工作。《安规》（变电部分）：17.2.1.6　（　）

答案：错误

189．可以随意用起重机起吊埋在地下的物件。《安规》（变电部分）：17.2.1.7　（　）

答案：错误

190．在变电站内使用起重机械时，应安装接地装置，接地线应用多股软铜线，其截面应满足接地短路容量的要求，但可以小于 $16mm^2$。《安规》（变电部分）：17.2.1.7.8　（　）

答案：错误

191．各式起重机应该根据需要安设过卷扬限制器、过负荷限制器、起重臂俯仰限制器、行程限制器、联锁开关等安全装置；其起升、变幅、运行、旋转机构都应装设制动器，其中起升和变幅机构的制动器应是常闭式的。臂架式起重机应设有力矩限制器和幅度指示器。铁路起重机应安有夹轨钳。《安规》（变电部分）：17.2.1.9　（　）

答案：正确

192．桥式起重机，应装有可靠的微量调节控制系统，以保证大件起吊时的可靠性。由厂房台架登上起重机的部位，宜设登机信号。《安规》（变电部分）：17.2.2.1　（　）

答案：正确

193．任何人不得在桥式起重机的轨道上站立或行走。特殊情况需在轨道上进行作业时，应与桥式起重机的操作人员取得联系，桥式起重机应停止运行。《安规》（变电部分）：17.2.2.2　（　）

答案：正确

194．起重机在轨道上进行检修时，应切断电源，在作业区两端的轨道上用钢轨夹夹住，并设标示牌。其他起重机不得进入检修区。《安规》（变电部分）：17.2.2.3　（　）

答案：正确

195．厂房内的桥式起重机作业完毕后应停放在指定地点。《安规》（变电部分）：17.2.2.4　（　）

答案：正确

196. 在露天使用的起重机的机身上不得随意安设增加受风面积的设施。其驾驶室内，冬天可装有电气取暖设备，作业人员离开时，不必切断电源。不准用煤火炉或电炉取暖。《安规》(变电部分): 17.2.2.5 （ ）

答案：错误

197. 在带电设备区域内使用汽车吊、斗臂车时，车身应使用不小于 16mm^2 的软铜线可靠接地。在道路上施工应设围栏，并设置适当的警示标志牌。《安规》(变电部分): 17.2.3.1 （ ）

答案：正确

198. 起重机停放或行驶时，其车轮、支腿或履带的前端或外侧与沟、坑边缘的距离不准小于沟、坑深度的 1.2 倍；否则应采取防倾、防坍塌措施。《安规》(变电部分): 17.2.3.2 （ ）

答案：正确

199. 作业时，起重机可以不用置于平坦、坚实的地面上，机身倾斜度不准超过制造厂的规定。不准在暗沟、地下管线等上面作业；不能避免时，应采取防护措施，不准超过暗沟、地下管线允许的承载力。《安规》(变电部分): 17.2.3.3 （ ）

答案：错误

200. 长期或频繁地靠近架空线路或其他带电体作业时，应采取隔离防护措施。《安规》(变电部分): 17.2.3.5 （ ）

答案：正确

第二章

国家电网公司电力安全工作规程（线路部分）

第一节 选 择 题

1．本规程规定了工作人员在作业现场应遵守的（　　）。《安规》（线路部分）：1.1

A．管理要求；B．岗位职责；C．安全要求；D．行为规范。

答案：C

2．低（电）压：用于配电的交流系统中（　　）的电压等级。《安规》（线路部分）：3.1

A．220V以下；B．220V及以下；

C．1000V以下；D．1000V及以下。

答案：D

3．高（电）压：

（1）通常指超过低压的电压等级。

（2）特定情况下，指电力系统中（　　）的电压等级。

《安规》（线路部分）：3.2

A．输电；B．变电；C．配电；D．用电。

答案：A

4．（　　）的电气设备，系指全部带有电压、一部分带有电压或一经操作即带有电压的电气设备。《安规》（线路部分）：3.3

A．试验中；B．运行中；C．运用中；D．调试中。

答案：C

5．事故紧急抢修工作，指电气设备发生故障被迫紧急停止运行，需（　　）恢复的抢修和排除故障的工作。《安规》（线路部分）：3.4

A．按计划时间内；B．短时间内；

C．规定时间内；D．限定时间内。

答案：B

6．事故紧急抢修工作，指电气设备发生故障（　　），需短时间内恢复的抢修和排除故障的工作。《安规》（线路部分）：3.4.1

A．可以短期运行；B．有可能引起停运；

C．被迫紧急停止运行；D．可能引起系统障碍。

答案：C

7．双重称号即（　　）。《安规》（线路部分）：3.6

A．线路名称和称号；B．线路名称和位置称号；

C．编号和位置称号；D．编号和称号。

答案：B

8．线路位置称号指上线、中线或下线和（　　）的左线或右线。《安规》（线路部分）：3.7

A．面向送电侧；B．面向受电侧；

C．面向线路杆塔号增加方向；D．面向线路杆塔号减小方向。

答案：C

9．为加强电力生产现场管理，规范（　　），保证人身、电网和设备安全，依据国家有关法律、法规，结合电力生产的实际，制定本规程。《安规》（线路部分）：4.1

A．电力生产的安全管理；B．各类工作人员的行为；

C．现场作业的工作流程；D．各类设备的作业方法。

答案：B

10．为加强电力生产现场管理，规范各类工作人员的行为，保证人身、电网和设备安全，依据国家有关法律、法规，（　　），制定本规程。《安规》（线路部分）：4.1

A．结合电力行业特点；B．根据工作实际；

C．结合电力生产的实际；D．为满足现场需要。

答案：C

11．作业现场的（　　）等应符合有关标准、规范的要求，工作人员的劳动防护用品应合格、齐备。《安规》(线路部分)：4.2.1

A．办公条件和安全设施；B．办公条件和生产设施；

C．生产条件和生产设施；D．生产条件和安全设施。

答案：D

12．作业现场的生产条件和安全设施等应符合有关标准、规范的要求，工作人员的（　　）应合格、齐备。《安规》(线路部分)：4.2.1

A．个人工器具；B．服装；C．劳动防护用品；D．作业保护。

答案：C

13．经常有人工作的场所及施工车辆上宜配备急救箱，存放急救用品，并应指定（　　）经常检查、补充或更换。《安规》(线路部分)：4.2.2

A．技术员；B．管理员；C．安全员；D．专人。

答案：D

14．现场使用的安全工器具应（　　）并符合有关要求。《安规》(线路部分)：4.2.3

A．规范；B．合格；C．齐备；D．可靠。

答案：B

15．各类作业人员应被告知其作业现场和工作岗位存在的危险因素、防范措施及（　　）。《安规》(线路部分)：4.2.4

A．事故紧急处理措施；B．紧急救护措施；

C．应急预案；D．逃生方法。

答案：A

16．作业人员应经医师鉴定，无妨碍工作的病症［体格检查每（　　）至少一次］。《安规》(线路部分)：4.3.1

A．半年；B．一年；C．两年；D．三年。

答案：C

17．作业人员应经医师鉴定，（　　）病症（体格检查每两年

至少一次)。《安规》(线路部分):4.3.1.1

A. 无容易传染的;B. 无不能治愈的;

C. 无慢性;D. 无妨碍工作的。

答案:D

18. 作业人员应具备必要的电气知识和业务技能,且按工作性质,熟悉本规程的相关部分,并经(　　)。《安规》(线路部分):4.3.2

A. 专业培训;B. 考试合格;C. 技能培训;D. 现场实习。

答案:B

19. 作业人员应具备必要的安全生产知识,学会紧急救护法,特别要学会(　　)。《安规》(线路部分):4.3.3

A. 创伤急救;B. 溺水急救;C. 触电急救;D. 高空急救。

答案:C

20. 作业人员应具备必要的(　　),学会紧急救护法,特别要学会触电急救。《安规》(线路部分):4.3.3.1

A. 安全生产知识;B. 技能等级;

C. 专业学历;D. 工作经验。

答案:A

21. 进入作业现场应正确佩戴安全帽,现场作业人员应穿(　　)、绝缘鞋。《安规》(线路部分):4.3.4

A. 绝缘服;B. 屏蔽服;

C. 防静电服;D. 全棉长袖工作服。

答案:D

22. 进入作业现场应正确佩戴(　　),现场作业人员应穿全面长袖工作服、绝缘鞋。《安规》(线路部分):4.3.4

A. 岗位标识;B. 上岗证;C. 工作牌;D. 安全帽。

答案:D

23. 各类作业人员应接受相应的安全生产教育和岗位技能培训,经(　　)上岗。《安规》(线路部分):4.4.1

A．领导批准；B．师傅带领；C．考试合格；D．现场实习。

答案：C

24．作业人员对本规程应（　　）考试一次。《安规》（线路部分）：4.4.2

A．每半年；B．每年；C．每两年；D．每三年。

答案：B

25．作业人员因故间断电气工作连续（　　）个月以上者，应重新学习本规程，并经考试合格后，方能恢复工作。《安规》（线路部分）：4.4.2.1

A．半；B．一；C．二；D．三。

答案：D

26．参与公司系统所承担电气工作的外单位或外来工作人员应熟悉本规程，经考试合格，并经（　　）认可，方可参加工作。《安规》（线路部分）：4.4.3

A．相关单位分管领导；B．设备运维管理单位；

C．安全监督管理部门；D．调度控制中心。

答案：B

27．任何人发现有违反本规程的情况，应（　　），经纠正后才能恢复作业。《安规》（线路部分）：4.4.4

A．立即制止；B．立即报告领导；

C．停止作业；D．批评教育。

答案：A

28．现场勘察由工作票签发人或（　　）组织。《安规》（线路部分）：5.2.1

A．项目经理；B．工作负责人；

C．生产管理人员；D．工作许可人。

答案：B

29．在220kV带电线路杆塔上且带电导线最小安全距离不小于3m规定的工作应使用（　　）。《安规》（线路部分）：5.3.4

A．第一种工作票；B．第二种工作票；

C．带电工作票；D．事故紧急抢修单。

答案：B

30．带电作业工具使用前，仔细检查确认没有损坏、受潮、变形、失灵，否则禁止使用。并使用 2500V 及以上绝缘电阻表或绝缘检测仪进行分段绝缘检测（电极宽 2cm，极间宽 2cm），阻值应不低于（　　）MΩ。《安规》(线路部分)：13.11.2.5

A．400；B．500；C．600；D．700。

答案：D

31．非连续进行的事故修复工作，应使用（　　）。《安规》(线路部分)：5.3.5

A．工作票；B．事故紧急抢修单；

C．安全措施票；D．工作任务单。

答案：A

32．涂写杆塔号、安装标示牌等，工作地点在杆塔最下层导线以下，并能够保持安全距离的工作可（　　）。《安规》(线路部分)：5.3.6

A．使用第一种工作票；B．使用第二种工作票；

C．使用带电作业票；D．按口头或电话命令执行。

答案：D

33．工作票填写如有错、漏字需要修改时，应使用（　　），字迹应清楚。《安规》(线路部分)：5.3.7.1

A．修正液修改；B．附纸修改；C．规范的符号；D．备注修改。

答案：C

34．工作票一份交工作负责人，一份留存工作票签发人或工作许可人处。工作票应（　　）交给工作负责人。《安规》(线路部分)：5.3.7.2

A．工作时；B．提前；C．开工前；D．许可时。

答案：B

35．用计算机生成或打印的工作票应使用统一的票面格式。由（　　）审核无误，手工或电子签名后方可执行。《安规》（线路部分）：5.3.7.2.1

A．票签发人；B．许可人；C．负责人；D．管理人员。

答案：A

36．一张工作票中，工作票签发人和工作许可人（　　）工作负责人。《安规》（线路部分）：5.3.7.3

A．可以兼任；B．不得兼任；

C．必要时兼任；D．经批准可兼任。

答案：B

37．工作票由设备运维管理单位签发，也可由经设备运维管理单位（　　）的检修及基建单位签发。《安规》（线路部分）：5.3.7.4

A．审核合格；B．授权；C．批准；D．审核合格且经批准。

答案：D

38．检修及基建单位的（　　）应事先送有关设备运维管理单位、调度控制中心备案。《安规》（线路部分）：5.3.7.5

A．工作许可人名单；B．工作票签发人、工作负责人名单；C．单位人员名单；D．工作班成员名单。

答案：B

39．检修及基建单位的工作票签发人、工作负责人名单应事先送有关（　　）备案。《安规》（线路部分）：5.3.7.5.1

A．发包单位的安质部、建设部；

B．发包单位的安质部、运维检修部；

C．设备运维管理单位、调度控制中心；

D．发包单位的建设部、运维检修部。

答案：C

40．承发包工程中，工作票（　　）。《安规》（线路部分）：5.3.7.6

A．必须由设备运维单位签发；B．必须由承包单位签发；

C．可实行“双签发”形式；D．必须由主管部门签发。

答案：C

41．承发包工程中，工作票可实行“双签发”形式。签发工作票时，双方（　　）在工作票上分别签名，各自承担本规程工作票签发人相应的安全责任。《安规》(线路部分)：5.3.7.6.1

A．工作票签发人；B．工作负责人；

C．项目负责人；D．生产管理人员。

答案：A

42．在工作期间，工作票应始终保留在（　　）手中。《安规》(线路部分)：5.3.8.1

A．工作票签发人；B．工作负责人；

C．工作许可人；D．专责监护人。

答案：B

43．带电作业工作票，对同一电压等级、同类型、相同安全措施且（　　）的带电作业，可在数条线路上共用一张工作票。《安规》(线路部分)：5.3.8.1.1

A．停用重合闸；B．开展的工作；

C．同一天的工作；D．进行。

答案：D

44．一个工作负责人（　　）多张工作票。《安规》(线路部分)：5.3.8.2

A．同时持有；B．不能同时执行；

C．依次执行；D．同时接受许可。

答案：B

45．若一张工作票下设多个小组工作，每个小组应指定（　　），并使用工作任务单。《安规》(线路部分)：5.3.8.2.1

A．联系人；B．协调人；

C．监护人；D．小组负责人（监护人）。

答案：D

46．一张工作票下设多个小组工作，工作任务单由（　　）许可。《安规》(线路部分)：5.3.8.2

A．工作票签发人；B．工作负责人；

C．工作许可人；D．小组负责人。

答案：B

47．一张工作票下设多个小组工作，工作结束后，由小组负责人交回工作任务单，向（　　）办理工作结束手续。《安规》(线路部分)：5.3.8.2

A．工作票签发人；B．工作负责人；

C．工作许可人；D．调控值班人员。

答案：B

48．工作任务单一式两份，由工作票签发人或工作负责人签发，一份（　　）留存，一份交小组负责人执行。《安规》(线路部分)：5.3.8.2

A．工作许可人；B．工作负责人；

C．工作票签发人；D．调控值班人员。

答案：B

49．一回线路检修（施工），若配合停电线路属于其他单位，应由检修（施工）单位事先（　　），经配合线路的设备运维管理单位同意并实施停电、接地。《安规》(线路部分)：5.3.8.3

A．口头告知；B．书面告知；C．口头申请；D．书面申请。

答案：D

50．一回线路检修（施工），其邻近或交叉的其他电力线路需进行配合停电和接地时，应在（　　）。《安规》(线路部分)：5.3.8.3

A．工作日志中记录；

B．交底记录中记录；

C．工作票中列入相应的注意事项；

D．工作票中列入相应的安全措施。

答案：D

51．若配合停电线路属于其他单位，应由检修（施工）单位事先书面申请，经配合线路的（　　）同意并实施停电、接地。《安规》（线路部分）：5.3.8.3

A．设备运维管理单位；B．设备资产单位；

C．设备检修单位；D．设备施工单位。

答案：A

52．若配合停电线路属于其他单位，应由检修（施工）单位事先书面申请，经配合线路的设备运维管理单位同意并实施（　　）。《安规》（线路部分）：5.3.8.3

A．停电；B．接地；C．停电、接地；D．隔离。

答案：C

53．一条线路分区段工作，若填用一张工作票，经（　　）同意，在线路检修状态下，由工作班自行装设的接地线等安全措施可分段执行。《安规》（线路部分）：5.3.8.4

A．工作票签发人；B．工作负责人；

C．工作许可人；D．专责监护人。

答案：A

54．一条线路分区段工作，若填用一张工作票，经工作票签发人同意，在线路检修状态下，由工作班自行装设的接地线等安全措施可分段执行。工作票中应填写清楚使用的接地线（　　）等随工作区段转移情况。《安规》（线路部分）：5.3.8.4

A．装设时间、位置；

B．编号、装拆时间、位置；

C．编号、拆除时间；

D．编号、装设时间、位置。

答案：B

55．一条线路分区段工作，若填用一张工作票，经工作票签发人同意，在线路检修状态下，由工作班自行装设的接地线等安全措施（　　）。《安规》（线路部分）：5.3.8.4

A．应一次性完成；B．可分段执行；

C．可分天完成；D．应在工作前完成。

答案：B

56．持线路或电缆工作票进入变电站或发电厂升压站进行架空线路、电缆等工作，应增填工作票份数，由变电站或发电厂（　　）许可，并留存。《安规》（线路部分）：5.3.8.5

A．技术人员；B．值班人员；

C．工作许可人；D．安全人员。

答案：C

57．持线路或电缆工作票进入变电站或发电厂升压站进行架空线路、电缆等工作，应（　　），由变电站或发电厂工作许可人许可，并留存。《安规》（线路部分）：5.3.8.5

A．得到部门领导批准；B．持工作联系单；

C．得到调度工作许可；D．增填工作票份数。

答案：D

58．第一、二种工作票和带电作业工作票的有效时间，以批准的（　　）为限。《安规》（线路部分）：5.3.9.1

A．工作时间；B．申请时间；C．停役时间；D．检修期。

答案：D

59．第二种工作票需办理延期手续，应在有效时间尚未结束以前由（　　）向工作票签发人提出申请，经同意后给予办理。《安规》（线路部分）：5.3.9.2

A．小组负责人；B．工作负责人；

C．工作许可人；D．专责监护人。

答案：B

60．第一种工作票需办理延期手续，应在有效时间尚未结束以前由工作负责人向（　　）提出申请，经同意后给予办理。《安规》（线路部分）：5.3.9.2

A．工作票签发人；B．调控值班员；

C. 工作许可人；D. 专责监护人。

答案：C

61. 第一种工作票需办理延期手续，应在（　　）由工作负责人向工作许可人提出申请，经同意后给予办理。《安规》(线路部分)：5.3.9.2

A. 计划时间尚未结束以前；B. 有效时间尚未结束以前；

C. 工作终结前；D. 有效时间结束时。

答案：B

62. 工作票签发人名单应（　　）。《安规》(线路部分)：5.3.10.1

A. 公布；B. 公示；C. 备案；D. 口头通知。

答案：A

63. 工作负责人(监护人)、工作许可人应由有一定工作经验、熟悉本规程、熟悉工作范围内的设备情况，并经（　　）批准的人员担任。《安规》(线路部分)：5.3.10.2

A. 工区（车间）；B. 主管领导；C. 安监部门；D. 本单位。

答案：A

64. 检查工作票所列安全措施是否正确完备，是否符合现场实际条件，必要时予以补充完善是（　　）的安全责任。《安规》(线路部分)：5.3.11.1

A. 工作票签发人；B. 工作许可人；

C. 工作负责人（监护人）；D. 专责监护人。

答案：C

65. 工作许可人审票时，确认工作票所列安全措施是否正确完备，对工作票所列内容发生疑问时，应向（　　）询问清楚，必要时予以补充。《安规》(线路部分)：5.3.11.1

A. 工作票签发人；B. 工作许可人；

C. 工作负责人（监护人）；D. 上级领导。

答案：A

66. 保证由其负责的停、送电和许可工作的命令正确是（　）的安全责任。《安规》(线路部分): 5.3.11.3

A. 工作票签发人；B. 工作许可人；

C. 工作负责人（监护人）；D. 专责监护人。

答案：B

67. 监督被监护人员遵守本规程和执行现场安全措施，及时纠正被监护人员的不安全行为是（　　）的安全责任。《安规》(线路部分): 5.3.11.4

A. 工作票签发人；B. 工作许可人；

C. 工作负责人（监护人）；D. 专责监护人。

答案：D

68. 工作班成员的安全责任：服从（　　）的指挥，严格遵守本规程和劳动纪律，在确定的工作范围内工作，对自己在工作中的行为负责，互相关心工作安全。《安规》(线路部分): 5.3.11.5

A. 工作负责人（监护人）、专责监护人；

B. 工作负责人（监护人）；

C. 专责监护人；

D. 工作负责人（监护人）、小组负责人。

答案：A

69. 正确使用施工机具、安全工器具和劳动防护用品是（　　）的安全责任。《安规》(线路部分): 5.3.11.5

A. 工作票签发人；B. 工作班成员；

C. 工作负责人（监护人）；D. 专责监护人。

答案：B

70. 填用第一种工作票进行工作，工作负责人应在得到（　）的许可后，方可开始工作。《安规》(线路部分): 5.4.1

A. 第一个工作许可人；B. 工作票签发人；

C. 任何一个工作许可人；D. 全部工作许可人。

答案：D

71．线路停电检修，工作许可人应在线路可能受电的各方面（含变电站、发电厂、环网线路、分支线路、用户线路和配合停电的线路）都已停电，并挂好（　　）后，方能发出许可工作的命令。《安规》(线路部分)：5.4.2

A．安全警示牌；B．工作接地线；

C．个人保安线；D．操作接地线。

答案：D

72．对直接在现场许可的停电工作，工作许可人和工作负责人应在工作票上记录（　　），并签名。《安规》(线路部分)：5.4.3

A．工作内容；B．停电范围；C．许可时间；D．安全措施。

答案：C

73．若停电线路工作还涉及其他单位配合停电的线路，工作负责人应在得到指定的配合停电设备（　　）通知这些线路已停电和接地，并履行工作许可书面手续后，才可开始工作。《安规》(线路部分)：5.4.4

A．资产管理单位联系人；B．运维管理单位联系人；

C．调控值班员；D．运维人员。

答案：B

74．填用（　　）工作票时，不需要履行工作许可手续。《安规》(线路部分)：5.4.6

A．电力线路第一种；B．电力线路第二种；

C．带电作业；D．电力电缆第一种工作票。

答案：B

75．工作许可手续完成后，工作负责人、专责监护人应向工作班成员交代工作内容、人员分工、带电部位和现场安全措施、进行危险点告知，并履行确认手续，（　　），工作班方可开始工作。《安规》(线路部分)：5.5.1

A．所有人员签字后；B．装完工作接地线后；

C．所有人员到位后；D．现场准备工作完成后。

答案：B

76．若专责监护人必须长时间离开工作现场时，应由（　　）变更专责监护人，履行变更手续，并告知全体被监护人员。《安规》（线路部分）：5.5.2

A．工作票签发人；B．工作负责人；

C．小组负责人；D．工作许可人。

答案：B

77．若工作负责人必须长时间离开工作的现场时，应由（　）变更工作负责人，履行变更手续，并告知全体作业人员及工作许可人。《安规》（线路部分）：5.5.2

A．工作票签发人；B．原工作票签发人；

C．工作许可人；D．小组负责人。

答案：B

78．工作期间，工作负责人若因故暂时离开工作现场时，应指定能胜任的人员临时代替，并告知（　　）。《安规》（线路部分）：5.5.3

A．工作票签发人；B．调控值班员；

C．工作许可人；D．工作班成员。

答案：D

79．在工作中遇雷、雨、大风或其他任何情况威胁到（　　）时，工作负责人或专责监护人可根据情况，临时停止工作。《安规》（线路部分）：5.6.1

A．作业人员的安全；B．电网的安全；

C．设备的安全；D．施工机具的安全。

答案：A

80．白天工作间断时，工作地点的（　　）仍保留不动。《安规》（线路部分）：5.6.2

A．操作接地线；B．工作接地线；

C．全部接地线；D．安全警示牌。

答案：C

81．填用数日内工作有效的第一种工作票，每日收工时如果将工作地点所装的接地线拆除，次日恢复工作前应（　　）。《安规》（线路部分）：5.6.3

A．重新验电；B．直接挂接地线；

C．重新验电挂接地线；D．使用个人保安线。

答案：C

82．完工后，（　　）应检查线路检修地段的状况，确认在杆塔上、导线上、绝缘子串上及其他辅助设备上没有遗留的个人保安线、工具、材料等，查明全部作业人员确由杆塔上撤下后，再命令拆除工作地段所挂的接地线。《安规》（线路部分）：5.6.4

A．工作负责人（包括小组负责人）；B．工作许可人；

C．专责监护人；D．班组人员。

答案：A

83．完工（　　），应即认为线路带电，不准任何人再登杆进行工作。《安规》（线路部分）：5.7.1

A．接地线拆除后；B．作业人员确由杆塔上撤下后；

C．各作业点报完工作后；D．个人保安线拆除后。

答案：A

84．多个小组工作，（　　）应得到所有小组负责人工作结束的汇报。《安规》（线路部分）：5.7.1

A．工作许可人；B．工作监护人；

C．工作票签发人；D．工作负责人。

答案：D

85．已终结的工作票、事故紧急抢修单、工作任务单应保存（　　）。《安规》（线路部分）：5.7.5

A．6 个月；B．9 个月；C．一年；D．两年。

答案：C

86．进行线路停电作业前，应断开线路上需要操作的（　　）（含分支）断路器（开关）、隔离开关（刀闸）和熔断器。《安规》（线路部分）：6.2.1

A．各端；B．两端；C．电源侧；D．受电侧。

答案：A

87．停电设备的各端，应有明显断开点，若无法观察到停电设备的断开点，应有能够反映设备运行状态的（　　）等指示。《安规》（线路部分）：6.2.2

A．电气和机械；B．遥信信息；C．机械；D．变位。

答案：A

88．断开跌落式熔断器后，跌落式熔断器的熔管应摘下或（　　）。《安规》（线路部分）：6.2.3

A．悬挂标示牌；B．加锁；

C．设围栏；D．悬挂标示牌、加锁。

答案：A

89．在停电线路工作地段接地前，应使用（　　）验明线路确无电压。《安规》（线路部分）：6.3.1

A．不小于相应电压等级、合格的感应式验电器；

B．相应电压等级、合格的接触式验电器；

C．相应电压等级、合格的感应式验电器；

D．不小于相应电压等级、合格的接触式验电器。

答案：B

90．直流线路和（　　）kV及以上的交流线路，可使用合格的绝缘棒或专用绝缘绳验电。《安规》（线路部分）：6.3.1

A．35；B．66；C．110；D．330。

答案：D

91．66、110kV线路验电时，人体与被验电设备最小安全距离为（　　）m，并设专人监护。《安规》（线路部分）：6.3.2

A．1；B．1.5；C．2；D．2.5。

答案：B

92．500kV 线路验电时，人体与被验电设备最小安全距离为（　　）m，并设专人监护。《安规》(线路部分)：6.3.2

A．3；B．4；C．5；D．6。

答案：C

93．验电前，应先在有电设备上进行试验，确认验电器良好；无法在有电设备上进行试验时，可用（　　）高压发生器等确认验电器良好。《安规》(线路部分)：6.3.2

A．工频；B．高频；C．中频；D．低频。

答案：A

94．使用伸缩式验电器时应保证绝缘的（　　）。《安规》(线路部分)：6.3.2

A．长度；B．有效；C．有效长度；D．良好。

答案：C

95．间接验电信号变化判断时，至少应有（　　）的指示发生对应变化，且所有这些确定的指示均已同时发生对应变化，才能确认该设备已无电。《安规》(线路部分)：6.3.3

A．两个机械指示位置；B．两个电气指示位置；

C．带电显示装置；D．两个非同样原理或非同源。

答案：D

96．对同杆塔架设的多层电力线路进行验电时，应（　　）。《安规》(线路部分)：6.3.4

A．先验低压、后验高压，先验下层、后验上层，先验近侧、后验远侧；B．先验高压、后验低压，先验上层、后验下层，先验远侧、后验近侧；C．先验低压、后验高压，先验上层、后验下层，先验远侧、后验近侧；D．先验高压、后验低压，先验下层、后验上层，先验近侧、后验远侧。

答案：A

97．线路的验电应逐相（直流线路逐极）进行，检修联络用

的断路器（开关），隔离开关（刀闸）或其组合时，应在其（　）验电。《安规》（线路部分）：6.3.4

A．送电侧；B．受电侧；C．两侧；D．任意一侧。

答案：C

98．工作接地线应全部列入（　　），工作负责人应确认所有工作接地线均已挂设完成方可宣布开工。《安规》（线路部分）：6.4.1

A．工作票；B．操作票；C．工作任务单；D．现场交底记录。

答案：A

99．各工作班（　　）各端和工作地段内有可能反送电的各分支线（包括用户）都应接地。《安规》（线路部分）：6.4.1

A．作业杆塔；B．工作线路；C．停电线路；D．工作地段。

答案：D

100．（　　）线路可以只在工作地点附近装设一组工作接地线。《安规》（线路部分）：6.4.1

A．工作杆塔；B．配合停电的；C．停电线路；D．工作地段。

答案：B

101．禁止作业人员擅自变更工作票中指定的接地线位置，如需变更，应由工作负责人征得（　　）同意，并在工作票上注明变更情况。《安规》（线路部分）：6.4.2

A．工作许可人；B．调控值班员；

C．工作票签发人；D．各小组负责人。

答案：C

102．禁止作业人员（　　）接地线位置。《安规》（线路部分）：6.4.2

A．变更工作票中指定的；B．变更；

C．擅自变更工作票中指定的；D．改变。

答案：C

103．对同杆塔架设的多层电力线路挂接地线时，应（　　）。

《安规》(线路部分): 6.4.3

A. 先挂低压、后挂高压，先挂上层、后挂下层，先挂远侧、后挂近侧；

B. 先挂高压、后挂低压，先挂上层、后挂下层，先挂近侧、后挂远侧；

C. 先挂低压、后挂高压，先挂下层、后挂上层，先挂近侧、后挂远侧；

D. 先挂高压、后挂低压，先挂下层、后挂上层，先挂远侧、后挂近侧。

答案: C

104. 对同杆塔架设的多层电力线路拆除接地线时，应(　　)。《安规》(线路部分): 6.4.3

A. 先拆低压、后拆高压，先拆上层、后拆下层，先拆近侧、后拆远侧；

B. 先拆高压、后拆低压，先拆上层、后拆下层，先拆远侧、后拆近侧；

C. 先拆低压、后拆高压，先拆下层、后拆上层，先拆近侧、后拆远侧；

D. 先拆高压、后拆低压，先拆下层、后拆上层，先拆远侧、后拆近侧。

答案: B

105. 成套接地线应由有透明护套的多股软铜线和专用线夹组成，其截面不准小于(　　) mm^2，同时应满足装设地点短路电流的要求。禁止使用其他导线接地或短路。《安规》(线路部分): 6.4.4

A. 18; B. 20; C. 25; D. 30。

答案: C

106. 装、拆接地线时，人体不准碰触(　　)。《安规》(线路部分): 6.4.5

A．接地线的接地端；B．接地线和未接地的导线；

C．已接地的导线；D．接地通道。

答案：B

107．在杆塔或横担接地良好的条件下装设接地线时，接地线可单独或合并后接到杆塔上，但杆塔接地电阻和（　　）应良好。《安规》(线路部分)：6.4.6

A．接地装置；B．接地通道；C．杆塔基础；D．土壤电阻。

答案：B

108．无接地引下线的杆塔，可采用临时接地体。临时接地体的截面积和埋深分别不准小于（　　）。《安规》(线路部分)：6.4.7

A．$190mm^2$和0.4m；B．$160mm^2$和0.6m；

C．$160mm^2$和0.8m；D．$190mm^2$和0.6m。

答案：D

109．断开耐张杆塔引线或工作中需要拉开断路器（开关）、隔离开关（刀闸）时，应先在其（　　）装设接地线。《安规》(线路部分)：6.4.8

A．两侧；B．受电侧；C．送电侧；D．任意一侧。

答案：A

110．电缆及电容器接地前应（　　）放电。《安规》(线路部分)：6.4.9

A．逐相；B．充分；C．逐相充分；D．依次。

答案：C

111．工作地段如有邻近、平行、交叉跨越及同杆架设线路，为防止停电检修线路上感应电伤人，在需要（　　）工作时，应使用个人保安线。《安规》(线路部分)：6.5.1

A．杆塔上；B．绝缘子串上；

C．接触或接近导线；D．架空地线上。

答案：C

112．个人保安线由（　　）负责自行装、拆。《安规》(线路

部分）：6.5.2

A．作业人员；B．专责监护人；

C．工作负责人；D．小组负责人。

答案：A

113．个人保安线应使用有透明护套的多股软铜线，截面积不准小于（　　）mm^2，且应带有绝缘手柄或绝缘部件。《安规》（线路部分）：6.5.3

A．20；B．16；C．14；D．12。

答案：B

114．进行地面 10 kV 配电设备部分停电的工作，人员工作时距设备小于（　　）m 安全距离以内的未停电设备，应增设临时围栏。临时围栏与带电部分的距离，不准小于 0.35m。《安规》（线路部分）：6.6.2

A．0.7；B．1.0；C．1.2；D．1.5。

答案：A

115．高压配电设备做耐压试验时应在周围设围栏，围栏上应向外悬挂适当数量的（　　）标示牌。《安规》（线路部分）：6.6.2

A．“止步，高压危险！”；B．“禁止合闸，有人工作！”；

C．“禁止攀登，高压危险！”；D．“在此工作！”。

答案：A

116．夜间巡线应沿线路（　　）进行；大风时，巡线应沿线路（　　）前进，以免万一触及断落的导线。《安规》（线路部分）：7.1.1

A．外侧；上风侧；B．内侧；下风侧；

C．外侧；下风侧；D．内侧，上风侧。

答案：A

117．巡线人员发现导线、电缆断落地面或悬挂空中，应设法防止行人靠近断线地点（　　）m 以内，以免跨步电压伤人，并迅速报告调控人员和上级，等候处理。《安规》（线路部分）：7.1.4

A．4；B．6；C．8；D．10。

答案：C

118．进行配电设备巡视的人员，应熟悉设备的（　　）。《安规》（线路部分）：7.1.5

A．投运时间和检修周期；B．内部结构和接线情况；

C．内部结构和投运时间；D．内部结构和检修周期。

答案：B

119．倒闸操作应使用（　　）。《安规》（线路部分）：7.2.1

A．操作票；B．倒闸操作票；C．倒闸票；D．倒闸工作票。

答案：B

120．操作后无法看到设备实际位置，需通过各类信号进行判断时，至少应有（　　）指示发生对应变化，且所有这些确定的指示均已同时发生对应变化，方可确认该设备已操作到位。《安规》（线路部分）：7.2.3

A．两个非同样原理；B．两个非同源的；

C．两个同样原理和同源的；D．两个非同样原理或非同源的。

答案：D

121．操作中发生疑问时，不准擅自更改操作票，应向（　　）询问清楚无误后再进行操作。《安规》（线路部分）：7.2.4

A．调控值班员；B．操作监护人；

C．运维值班员；D．操作发令人。

答案：D

122．在操作柱上断路器（开关）时，应有防止断路器（开关）（　　）时伤人的措施。《安规》（线路部分）：7.2.5

A．失灵；B．坠落；C．损坏；D．爆炸。

答案：D

123．雨天操作应使用有防雨罩的绝缘棒，并（　　）。《安规》（线路部分）：7.2.5

A．穿绝缘鞋、戴绝缘手套；B．穿绝缘靴、戴橡胶手套；

C．穿绝缘鞋、戴橡胶手套；D．穿绝缘靴、戴绝缘手套。

答案：D

124．更换配电变压器跌落式熔断器熔丝的工作，应先将（　　）拉开。《安规》(线路部分)：7.2.6

A．低压刀闸；

B．高压隔离开关（刀闸）或跌落式熔断器；

C．低压刀闸和高压隔离开关（刀闸）或跌落式熔断器；

D．跌落式熔断器。

答案：C

125．作废的操作票，应注明“作废”字样，未执行的应注明“未执行”字样，已操作的应注明“已执行”字样。操作票应保存（　　）。《安规》(线路部分)：7.2.9

A．三个月；B．六个月；C．一年；D．两年。

答案：C

126．解开或恢复杆塔、配电变压器和避雷器的接地引线时，应戴（　　）。《安规》（线路部分）：禁止直接接触与地断开的接地线。《安规》(线路部分)：7.3.3

A．绝缘手套；B．线手套；C．皮手套；D．棉手套。

答案：A

127．测量低压线路和配电变压器低压侧的电流时，可使用（　　）。应注意不触及其他带电部分，以防相间短路。《安规》(线路部分)：7.3.4

A．电压表；B．功率表；C．钳型电流表；D．绝缘电阻表。

答案：C

128．带电线路导线的垂直距离（导线弛度、交叉跨越距离），可用（　　）测量。《安规》(线路部分)：7.3.5

A．皮尺；B．钢卷尺；

C．测量仪或使用绝缘测量工具；D．绳索。

答案：C

129．在线路带电情况下，砍剪靠近线路的树木时，（　　）应在工作开始前，向全体人员说明：电力线路有电，人员、树木、绳索应与导线保持1m安全距离。《安规》（线路部分）：7.4.1

A．工作许可人；B．工作票签发人；

C．工作负责人；D．小组负责人。

答案：C

130．在10kV线路带电情况下，砍剪靠近线路的树木时，人员、树木、绳索应与导线保持（　　）m的安全距离。《安规》（线路部分）：7.4.1

A．4.0；B．3.0；C．2.5；D．1.0。

答案：D

131．在66、110kV线路带电情况下，砍剪靠近线路的树木时，人员、树木、绳索应与导线保持（　　）m的安全距离。《安规》（线路部分）：7.4.1

A．4.0；B．3.0；C．2.5；D．1.0。

答案：B

132．在220kV线路带电情况下，砍剪靠近线路的树木时，人员、树木、绳索应与导线保持（　　）m的安全距离。《安规》（线路部分）：7.4.1

A．5.0；B．4.0；C．3.0；D．2.5。

答案：B

133．砍剪树木时，应使用安全带。安全带不准系在待砍剪树枝的断口（　　）。《安规》（线路部分）：7.4.2

A．附近；B．附近或以上；C．以上；D．以下。

答案：B

134．砍剪山坡树木应做好防止树木向（　　）弹跳接近导线的措施。《安规》（线路部分）：7.4.3

A．下；B．上；C．左；D．右。

答案：A

135．树枝接触或接近高压带电导线时，应将高压线路停电或用（　　）使树枝远离带电导线至安全距离。此前禁止人体接触树木。《安规》(线路部分)：7.4.4

A．绳索；B．干燥的毛竹；

C．绝缘工具；D．工具。

答案：C

136．风力超过（　　）级时，禁止砍剪高出或接近导线的树木。《安规》(线路部分)：7.4.5

A．3；B．4；C．5；D．6。

答案：C

137．使用油锯或电锯的作业，应由熟悉（　　）的人员操作。使用时，应先检查所能锯到的范围内有无铁钉等金属物件，以防金属物体飞出伤人。《安规》(线路部分)：7.4.6

A．试验周期和机电原理；B．机械性能和机电原理；

C．试验周期和操作方法；D．机械性能和操作方法。

答案：D

138．在带电杆塔上进行测量、防腐、巡视检查、紧杆塔螺栓、清除杆塔上异物等工作，应使用绝缘无极绳索，风力应不大于（　　）级，并应有专人监护。《安规》(线路部分)：8.1.1

A．4；B．5；C．6；D．7。

答案：B

139．在 66、110kV 带电线路杆塔上工作，作业人员活动范围及其所携带的工具、材料等，与带电导线最小安全距离不准小于（　　）m。《安规》(线路部分)：8.1.1

A．1.0；B．1.5；C．3.0；D．4.0。

答案：B

140．在 220kV 带电线路杆塔上工作，作业人员活动范围及其所携带的工具、材料等，与带电导线最小安全距离不准小于（　　）m。《安规》(线路部分)：8.1.1

A．1.0；B．1.5；C．3.0；D．4.0。

答案：C

141．在330kV带电线路杆塔上工作，作业人员活动范围及其所携带的工具、材料等，与带电导线最小安全距离不准小于（　　）m。《安规》（线路部分）：8.1.1

A．1.5；B．3.0；C．4.0；D．5.0。

答案：C

142．在500kV带电线路杆塔上工作，作业人员活动范围及其所携带的工具、材料等，与带电导线最小安全距离不准小于（　　）m。《安规》（线路部分）：8.1.1

A．3.0；B．4.0；C．5.0；D．8.0。

答案：C

143．在10kV及以下的带电杆塔上进行工作，作业人员距最下层带电导线的垂直距离不准小于（　　）m。《安规》（线路部分）：8.1.2

A．0.35；B．0.6；C．0.7；D．1.0。

答案：C

144．运行中的高压直流输电系统的直流接地极线路和接地极应视为带电线路。各种工作情况下，邻近运行中的直流接地极线路导线的最小安全距离按（　　）kV直流电压等级控制。《安规》（线路部分）：8.1.3

A．±50；B．±400；C．±500；D．±660。

答案：A

145．邻近或交叉其他220kV电力线工作的安全距离为（　　）m。《安规》（线路部分）：8.2.1

A．1.8；B．2.1；C．3.0；D．4.0。

答案：D

146．邻近或交叉其他66、110kV电力线工作的安全距离为（　　）m。《安规》（线路部分）：8.2.1

A. 1.0；B. 2.0；C. 3.0；D. 4.0。

答案：C

147. 邻近或交叉其他 330kV 电力线工作的安全距离为（　　）m。《安规》(线路部分)：8.2.1

A. 3.0；B. 4.0；C. 5.0；D. 6.0。

答案：C

148. 邻近或交叉其他 500kV 电力线工作的安全距离为（　　）m。《安规》(线路部分)：8.2.1

A. 4.0；B. 5.0；C. 6.0；D. 7.0。

答案：C

149. 邻近或交叉其他±500kV 电力线工作的安全距离为（　　）m。《安规》(线路部分)：8.2.1

A. 7.8；B. 8.2；C. 10；D. 11.1。

答案：A

150. 停电检修的线路如与另一回带电线路相交叉或接近，以致工作时人员和工器具可能和另一回导线接触或接近至规定的安全距离以内，则另一回线路也应（　　）。《安规》(线路部分)：8.2.3

A. 停电；B. 接地；C. 停电并予接地；D. 停用重合闸。

答案：C

151. 在邻近带电 66kV 线路进行工作时，人体、导线、施工机具等与带电导线的安全距离应为（　　）m，牵引绳索和拉绳与带电导线的最小安全距离为（　　）m。《安规》(线路部分)：8.2.3

A. 1；3；B. 2.5；4；C. 3；4；D. 4；5。

答案：C

152. 在邻近带电 110kV 线路进行工作时，人体、导线、施工机具等与带电导线的安全距离应为（　　）m，牵引绳索和拉绳与带电导线的最小安全距离为（　　）m。《安规》(线路部分)：8.2.3

A. 1；3；B. 2.5；4；C. 3；5；D. 4；6。

答案：C

153．在邻近带电 220kV 线路进行工作时，人体、导线、施工机具等与带电导线的安全距离应为（　　）m，牵引绳索和拉绳与带电导线的最小安全距离为（　　）m。《安规》（线路部分）：8.2.3

A．4；6；B．5；7；C．6；8.5；D．7；9。

答案：A

154．在邻近带电 330kV 线路进行工作时，人体、导线、施工机具等与带电导线的安全距离应为（　　）m，牵引绳索和拉绳与带电导线的最小安全距离为（　　）m。《安规》（线路部分）：8.2.3

A．4；6；B．5；7；C．6；8；D．7；9。

答案：B

155．在邻近带电 500kV 线路进行工作时，人体、导线、施工机具等与带电导线的安全距离应为（　　）m，牵引绳索和拉绳与带电导线的最小安全距离为（　　）m。《安规》（线路部分）：8.2.3

A．5；7；B．6；8.5；C．9；8.5；D．10；8.5。

答案：B

156．在交叉档内松紧、降低或架设导、地线的工作，只有停电检修线路在带电线路（　　）时才可进行。《安规》（线路部分）：8.2.4

A．上面；B．中间；C．下面；D．侧面。

答案：C

157．若同杆架设的 10（20）kV 及以下线路带电，当满足规定的安全距离且采取可靠防止人身安全措施的情况下，可以进行（　　）的登杆停电检修工作。《安规》（线路部分）：8.3.1

A．上层线路；B．下层线路；

C．整基杆塔；D．除最上层以外的线路。

答案：B

158．同杆塔多回线路中部分线路停电的工作，工作票签发人和工作负责人对停电检修线路的称号应特别注意正确填写和检查。多回线路中的每回线路（直流线路每极）都应填写（　　）。

《安规》(线路部分): 8.3.3

A. 线路名称; B. 线路称号; C. 双重称号; D. 双重名称。

答案: C

159. 同杆塔多回线路中部分线路停电的工作，工作负责人在接受许可开始工作的命令时，应与（　　）核对停电线路双重称号无误。《安规》(线路部分): 8.3.3

A. 值班调控人员; B. 工作票签发人;

C. 工作许可人; D. 运维人员。

答案: C

160. 在同杆塔架设多回路中部分线路停电的杆塔上进行工作时，(　　)进入带电侧的横担，或在该侧横担上放置任何物件。《安规》(线路部分): 8.3.6

A. 可以; B. 经工作负责人同意可以;

C. 不宜; D. 不准。

答案: D

161. 在同杆塔架设多回线路中部分线路停电的杆塔上进行工作时，在停电线路一侧吊起或向下放落工具、材料等物体时，应使用(　　)传递，物件与带电导线的安全距离应符合规定。《安规》(线路部分): 8.3.8

A. 绳索; B. 绝缘绳索; C. 绝缘无极绳圈; D. 钢丝绳。

答案: C

162. 在同杆塔架设的多回线路上，下层线路带电，上层线路停电作业时，(　　)进行放、撤导线和地线的工作。《安规》(线路部分): 8.3.9

A. 不准; B. 不宜;

C. 经工作负责人同意可以; D. 经领导批准可以。

答案: A

163. 在±400kV 及以上电压等级的直流线路单极停电侧进行工作时，应穿着（　　）。《安规》(线路部分): 8.4.1

A．静电感应防护服；B．全套屏蔽服；

C．全棉工作服；D．导电鞋。

答案：B

164．带电更换架空地线或架设耦合地线时，应通过（　　）可靠接地。《安规》（线路部分）：8.4.3

A．金属滑车；B．绝缘滑车；

C．塑料滑车；D．环氧树脂滑车。

答案：A

165．绝缘架空地线应视为带电体。作业人员与绝缘架空地线之间的距离不应小于（　　）m。（1000kV 为 0.6m）《安规》（线路部分）：8.4.4

A．0.2；B．0.3；C．0.4；D．0.5。

答案：C

166．如需在绝缘架空地线上作业时，应用接地线或个人保安线将其可靠接地或采用（　　）方式进行。《安规》（线路部分）：8.4.4

A．地电位；B．等电位；C．中间电位；D．斗臂车作业。

答案：B

167．邻近高压线路工作，用（　　）传递大件金属物品（包括工具、材料等）时，杆塔或地面上作业人员应将金属物品接地后再接触，以防电击。《安规》（线路部分）：8.4.5

A．绝缘绳索；B．麻绳；C．尼龙绳；D．钢丝绳。

答案：A

168．在超过（　　）m 深的基坑内作业时，向坑外抛掷土石应防止土石回落坑内，并做好防止土层塌方的临边防护措施。《安规》（线路部分）：9.1.2

A．1.0；B．1.5；C．2.0；D．2.5。

答案：B

169．在下水道、煤气管线、潮湿地、垃圾堆或有腐质物等附近挖坑，在挖深超过（　　）m 的坑内工作时，应采取安全措施，如戴防毒面具、向坑中送风和持续检测等。《安规》(线路部分)：9.1.4

A．2.0；B．2.5；C．3.0；D．3.5。

答案：A

170．塔脚检查，在不影响铁塔稳定的情况下，可以在（　　）的两个塔脚同时挖坑。《安规》(线路部分)：9.1.6

A．对角线；B．横线路；C．顺线路；D．同一侧。

答案：A

171．进行石坑、冻土坑打眼或打桩时，应检查锤把、锤头及钢钎。扶钎人应站在打锤人（　　）。《安规》(线路部分)：9.1.7

A．正面；B．背面；C．侧面；D．对面。

答案：C

172．（　　）携带器材登杆或在杆塔上移位。《安规》(线路部分)：9.2.2

A．允许；B．经工作负责人同意可；C．不宜；D．禁止。

答案：D

173．上横担进行工作前，应检查横担连接是否牢固和腐蚀情况，检查时安全带（绳）应系在主杆或（　　）上。《安规》(线路部分)：9.2.2

A．绝缘子；B．导线；C．拉板；D．牢固的构件

正确答案；D

174．在杆塔上作业时，应使用有后备保护绳或速差自锁器的双控背带式安全带，当后备保护绳超过（　　）m 时，应使用缓冲器。《安规》(线路部分)：9.2.4

A．1.5；B．2；C．2.5；D．3。

答案：D

175．在杆塔上作业，工作点下方应按（　　）设围栏或其他保护措施。《安规》(线路部分)：9.2.5

A．坠落半径；B．作业范围；C．工作区域；D．活动范围。

答案：A

176．在杆塔上水平使用梯子时，应使用（　　）梯子。《安规》（线路部分）：9.2.6

A．特制的专用；B．铝合金；C．绝缘；D．竹木。

答案：A

177．在杆塔上水平使用梯子时，应使用特制的专用梯子。工作前应将梯子两端与固定物可靠连接，一般应（　　）在梯子上工作。《安规》（线路部分）：9.2.6

A．不超过两人；B．由一人；C．两人；D．不超过 3 人。

答案：B

178．在相分裂导线上工作时，安全带（绳）应挂在同一根子导线上，后备保护绳应挂在（　　）上。《安规》（线路部分）：9.2.7

A．同一根子导线；B．相邻两根子导线；

C．任意两根子导线；D．整组相导线。

答案：D

179．立、撤杆塔过程中基坑内禁止有人工作。除指挥人及指定人员外，其他人员应在处于杆塔高度的（　　）倍距离以外。《安规》（线路部分）：9.3.3

A．1；B．1.2；C．1.5；D．2。

答案：B

180．顶杆及叉杆只能用于竖立（　　）m 以下的拔梢杆，不准用铁锹、桩柱等代用。《安规》（线路部分）：9.3.5

A．8；B．10；C．12；D．15。

答案：A

181．立杆前，应开好“马道”。作业人员要均匀地分配在电杆的（　　）。《安规》（线路部分）：9.3.5

A．一侧；B．两侧；C．内侧；D．外侧。

答案：B

182．使用吊车立、撤杆时，钢丝绳套应挂在电杆的（　　）以防电杆突然倾倒。《安规》（线路部分）：9.3.7

A．适当位置；B．上部；C．下部；D．中部。

答案：A

183．使用倒落式抱杆立、撤杆时，抱杆下部应固定牢固，抱杆（　　）应设临时拉线控制，临时拉线应均匀调节并由有经验的人员控制。《安规》（线路部分）：9.3.7

A．上部；B．中部；C．顶部；D．下部。

答案：C

184．整体立、撤杆塔过程中，杆塔起立至（　　）时，停止牵引，用临时拉线调整杆塔。《安规》（线路部分）：9.3.8

A．60°；B．70°；C．80°；D．90°。

答案：C

185．整体立、撤杆塔过程中，杆顶起立离地约（　　）m 时，应对杆塔进行一次冲击试验，对各受力点处做一次全面检查，确无问题，再继续起立。《安规》（线路部分）：9.3.8

A．0.5；B．0.6；C．0.7；D．0.8。

答案：D

186．整体立、撤杆塔过程中，杆塔起立（　　）后，应减缓速度，注意各侧拉线。《安规》（线路部分）：9.3.9

A．50°；B．60°；C．70°；D．80°。

答案：C

187．立、撤杆作业现场，不准利用树木或外露岩石作受力桩。一个锚桩上的临时拉线不准超过（　　）根，临时拉线不准固定在有可能移动或其他不可靠的物体上。《安规》（线路部分）：9.3.10

A．一；B．两；C．三；D．四。

答案：B

188．临时拉线绑扎工作应由有经验的人员担任，临时拉线应在（　　）方可拆除。《安规》（线路部分）：9.3.10

A．永久拉线安装时；B．永久拉线全部安装完毕承力后；C．永久拉线全部安装完毕后；D．永久拉线安装钱前。

答案：B

189．杆塔分解组立时，提升抱杆时应逐节提升，禁止提升（　　）。《安规》（线路部分）：9.3.11

A．过慢；B．过快；C．过低；D．过高。

答案：D

190．杆塔分解组立，杆塔单面吊装时，抱杆倾斜不宜超过（　　）。《安规》（线路部分）：9.3.12

A．15°；B．20°；C．25°；D．30°。

答案：A

191．在10kV带电设备附近进行立撤杆工作，杆塔、拉线与临时拉线应与带电设备保持的最小安全距离为（　　）m。《安规》（线路部分）：9.3.13

A．3；B．4；C．5；D．6。

答案：A

192．在35kV带电设备附近进行立撤杆工作，杆塔、拉线与临时拉线应与带电设备保持的最小安全距离为（　　）m。《安规》（线路部分）：9.3.13

A．3；B．4；C．5；D．6。

答案：B

193．在66kV带电设备附近进行立撤杆工作，杆塔、拉线与临时拉线应与带电设备保持的最小安全距离为（　　）m。《安规》（线路部分）：9.3.13

A．3；B．4；C．5；D．6。

答案：B

194．在110kV带电设备附近进行立撤杆工作，杆塔、拉线与临时拉线应与带电设备保持的最小安全距离为（　　）。《安规》（线路部分）：9.3.13

A．3m；B．4m；C．5m；D．6m。

答案：C

195．在 220kV 带电设备附近进行立撤杆工作，杆塔、拉线与临时拉线应与带电设备保持的最小安全距离为（　　）。《安规》（线路部分）：9.3.13

A．4m；B．5m；C．6m；D．7m。

答案：C

196．在 330kV 带电设备附近进行立撤杆工作，杆塔、拉线与临时拉线应与带电设备保持的最小安全距离为（　　）。《安规》（线路部分）：9.3.13

A．6m；B．7m；C．8m；D．9m。

答案：B

197．在 500kV 带电设备附近进行立撤杆工作，杆塔、拉线与临时拉线应与带电设备保持的最小安全距离为（　　）。《安规》（线路部分）：9.3.13

A．6m；B．7m；C．8.5m；D．9m。

答案：C

第二节　判　断　题

1．事故紧急抢修工作，指电气设备发生故障被迫紧急停止运行，需按计划恢复的抢修和排除故障的工作。《安规》（线路部分）：3.4　（　　）

答案：错误

2．新参加电气工作的人员、实习人员和临时参加劳动的人员（管理人员、非全日制用工等），应经过安全知识教育后，方可到现场单独工作。《安规》（线路部分）：4.4.3　（　　）

答案：错误

3．事故紧急抢修只能填用事故紧急抢修单。《安规》（线路部

分）：5.3.5　（　）

答案：错误

4．工作票应用黑色或蓝色的钢（水）笔或圆珠笔填写与签发，一式两份，内容应正确，填写应清楚，不得任意涂改。《安规》（线路部分）：5.3.7.1　（　）

答案：正确

5．一张工作票中，工作票签发人和工作许可人不得兼任工作负责人。《安规》（线路部分）：5.3.7.3　（　）

答案：正确

6．工作票只能由工作负责人填写。《安规》（线路部分）：5.3.7.4　（　）

答案：错误

7．承发包工程中，工作票可实行“双签发”时，工作票签发人的职责全部由设备运维单位承担。《安规》（线路部分）：5.3.7.6　（　）

答案：错误

8．一个工作负责人不能同时执行多张工作票。《安规》（线路部分）：5.3.8.2　（　）

答案：正确

9．第一、第二种工作票的延期可以办理多次。《安规》（线路部分）：5.3.9.2　（　）

答案：错误

10．带电作业工作票不准延期。《安规》（线路部分）：5.3.9.2　（　）

答案：正确

11．用户变、配电站的工作许可人应是具有一定经验的高压电气工作人员。《安规》（线路部分）：5.3.10.2　（　）

答案：错误

12．工作负责人应组织执行工作票所列安全措施。《安规》（线

路部分）：5.3.11.2 （ ）

答案：正确

13．工作许可人确认由其负责的安全措施正确实施。《安规》（线路部分）：5.3.11.3 （ ）

答案：正确

14．电话下达许可开工的命令时，工作许可人及工作负责人应记录清楚明确，并复诵核对无误。《安规》（线路部分）：5.4.3 （ ）

答案：正确

15．专责监护人不准兼做其他工作。《安规》（线路部分）：5.5.2 （ ）

答案：正确

16．专责监护人临时离开工作现场时，应通知工作负责人停止工作，待专责监护人回来后方可恢复工作。《安规》（线路部分）：5.5.2 （ ）

答案：错误

17．白天工作间断可直接恢复工作。《安规》（线路部分）：5.6.2 （ ）

答案：错误

18．如果经调度允许的连续停电、夜间不送电的线路，工作地点的接地线可以不拆除，只要接地线安装位置未变动，次日恢复工作不需派人检查。《安规》（线路部分）：5.6.3 （ ）

答案：错误

19．工作终结后，若有其他单位配合停电线路，还应及时通知指定的配合停电设备运维管理单位联系人。《安规》（线路部分）：5.7.2 （ ）

答案：正确

20．进行线路停电作业前，应断开可能反送电的低压电源的断路器（开关）、隔离开关（刀闸）和熔断器。《安规》（线路部分）：

6.2.1　（　　）

答案：正确

21．停电时，不能直接在地面操作的断路器（开关）、隔离开关（刀闸）应加锁。《安规》（线路部分）：6.2.3　（　　）

答案：错误

22．停电时，可直接在地面操作的断路器（开关）、隔离开关（刀闸）的操动机构上应加锁。《安规》（线路部分）：6.2.3（　　）

答案：正确

23．线路验电时应戴绝缘手套。《安规》（线路部分）：6.3.1　（　　）

答案：正确

24．间接验电信号变化检查中若发现其他任何信号有异常，均应停止操作，查明原因。若进行遥控操作，可采用上述的间接方法或其他可靠的方法进行间接验电。《安规》（线路部分）：6.3.3（　　）

答案：正确

25．对同杆塔架设的多层电力线路进行验电时，作业人员可以穿越已验电的10（20）kV线路及未采取绝缘措施的低压带电线路对上层线路进行验电。《安规》（线路部分）：6.3.4　（　　）

答案：错误

26．装、拆接地线可独自进行。《安规》（线路部分）：6.3.5　（　　）

答案：错误

27．线路经验明确无电压后，应立即装设接地线（直流线路两极接地线分别直接接地）。《安规》（线路部分）：6.4.1　（　　）

答案：错误

28．接地线应使用专用的线夹固定在导体上，可以用缠绕的方法进行接地或短路。《安规》（线路部分）：6.4.4　（　　）

答案：错误

29．装设接地线时，应先接导线端，后接接地端，接地线应

接触良好、连接应可靠。拆接地线的顺序与此相反。《安规》(线路部分)：6.4.5 （ ）

答案：错误

30．杆塔与接地线连接部分应清除油漆，接触良好。《安规》(线路部分)：6.4.6 （ ）

答案：正确

31．在同塔架设多回线路杆塔的停电线路上装设的接地线，应采取措施防止接地线摆动，并满足安全距离的规定。《安规》(线路部分)：6.4.8 （ ）

答案：正确

32．电缆及电容器接地前应逐相充分放电，星形接线电容器的中性点应接地，串联电容器及与整组电容器脱离的电容器也应逐个多次放电，装在绝缘支架上的电容器外壳也应放电。《安规》(线路部分)：6.4.9 （ ）

答案：正确

33．个人保安线装设时，应先接导线端，后接接地端，且接触良好，连接可靠。拆个人保安线的顺序与此相反。《安规》(线路部分)：6.5.2 （ ）

答案：错误

34．禁止用个人保安线代替接地线。《安规》(线路部分)：6.5.3 （ ）

答案：正确

35．在杆塔或横担接地通道良好的条件下，个人保安线接地端允许接在杆塔或横担上。《安规》(线路部分)：6.5.4 （ ）

答案：正确

36．高压配电设备做耐压试验时，工作人员在征得工作负责人同意后可移动或拆除围栏和标示牌。《安规》(线路部分)：6.6.4 （ ）

答案：错误

37．单人巡线时，可以攀登电杆和铁塔。《安规》（线路部分）：7.1.1 （ ）

答案：错误

38．巡线工作应由有电力线路工作经验的人员担任。单独巡线人员应考试合格并经工区批准。《安规》（线路部分）：7.1.1 （ ）

答案：正确

39．汛期、暑天、雪天等恶劣天气巡线，必要时可由一人进行。《安规》（线路部分）：7.1.1 （ ）

答案：错误

40．正常巡视应穿绝缘鞋。《安规》（线路部分）：7.1.2 （ ）

答案：正确

41．事故巡线应始终认为线路带电。即使明知该线路已停电，亦应认为线路随时有恢复送电的可能。《安规》（线路部分）：7.1.3 （ ）

答案：正确

42．巡视检查配电设备时，经领导批准可以越过遮栏或围墙。《安规》（线路部分）：7.1.5 （ ）

答案：错误

43．进出配电设备室（箱）应关门，巡视完毕应上锁。单人进行配电设备巡视时，允许打开配电设备柜门、箱盖。《安规》（线路部分）：7.1.5 （ ）

答案：错误

44．倒闸操作人员应根据上级领导（班站长）的操作指令（口头、电话或传真、电子邮件）填写或打印倒闸操作票。《安规》（线路部分）：7.2.1 （ ）

答案：错误

45．倒闸操作指令应清楚、明确，受令人应将指令内容向发令人复诵，核对无误。发令人发布指令的全过程（包括对方复诵指令）和听取指令的报告时，都要录音并做好记录。《安规》（线

路部分）：7.2.1 （ ）

答案：正确

46．事故紧急处理和拉合断路器（开关）的单一操作必须使用操作票。《安规》（线路部分）：7.2.1 （ ）

答案：错误

47．倒闸操作前、后，都应检查核对现场设备名称、编号和断路器（开关）、隔离开关（刀闸）的分、合位置。《安规》（线路部分）：（ ）

答案：正确

48．倒闸操作前，应按操作票顺序在模拟图或接线图上预演后执行。《安规》（线路部分）：7.2.3 （ ）

答案：错误

49．倒闸操作检查中若发现其他任何信号有异常，均应停止操作，查明原因。《安规》（线路部分）：7.2.3 （ ）

答案：正确

50．倒闸操作应由两人进行，一人操作，一人监护，并认真执行唱票、复诵制。《安规》（线路部分）：7.2.4 （ ）

答案：正确

51．倒闸操作发布指令和复诵指令都应严肃认真，使用规范的操作术语，准确清晰，按操作票顺序逐项操作，每操作完一项，即做一个"√"记号。操作完毕，受令人应立即汇报发令人。《安规》（线路部分）：7.2.4 （ ）

答案：错误

52．操作没有机械传动的断路器（开关）、隔离开关（刀闸）和跌落式熔断器，应使用合格的绝缘绳进行操作。《安规》（线路部分）：7.2.5 （ ）

答案：错误

53．操作机械传动的断路器（开关）或隔离开关（刀闸）时，应戴线手套。《安规》（线路部分）：7.2.5 （ ）

答案：错误

54．摘挂跌落式熔断器的熔断管时，应使用绝缘棒，并派专人监护。其他人员不准触及设备。《安规》（线路部分）：7.2.6（　）

答案：正确

55．雷电时，在做好安全措施的情况下，允许进行倒闸操作和更换熔丝工作。《安规》（线路部分）：7.2.7（　）

答案：错误

56．在发生人身触电事故时，可以不经过许可，即行断开有关设备的电源，但事后应立即报告调度控制中心（或设备运维管理单位）和上级部门。《安规》（线路部分）：7.2.8（　）

答案：正确

57．作废的操作票，应注明“作废”字样，未执行的应注明“未执行”字样，已操作的应注明“已操作”字样。《安规》（线路部分）：7.2.9（　）

答案：错误

58．操作票应事先连续编号，计算机生成的操作票应在正式出票后连续编号，操作票按编号顺序使用。《安规》（线路部分）：7.2.9（　）

答案：错误

59．直接接触设备的电气测量工作，至少应由两人进行，一人操作，一人监护。《安规》（线路部分）：夜间进行测量工作，应有足够的照明。《安规》（线路部分）：7.3.1（　）

答案：正确

60．杆塔、配电变压器和避雷器的接地电阻测量工作，必须在线路和设备停电的情况下进行。《安规》（线路部分）：7.3.3（　）

答案：错误

61．砍剪树木时，为防止树木（树枝）倒落在导线上，应设法用绳索将其拉向与导线相同的方向。《安规》（线路部分）：7.4（　）

答案：错误

62．在±500kV 带电线路杆塔上工作，作业人员及其所携带的工具、材料等与带电导线最小安全距离为 9m。《安规》(线路部分): 8.1.1 （ ）

答案：错误

63．运行中的高压直流输电系统的直流接地极线路和接地极应视为带电线路。《安规》(线路部分): 8.1.3 （ ）

答案：正确

64．邻近带电的电力线路进行工作时，有可能接近带电导体至规定的安全距离以内时，作业的导、地线还应在工作地点接地。《安规》(线路部分): 8.2.2 （ ）

答案：正确

65．同杆塔架设的多回线路中部分线路停电或直流线路中单极线路停电检修，应在工作人员对带电导线最小距离小于规定的安全距离时，经工作负责人同意即可进行。《安规》(线路部分): 8.3.1 （ ）

答案：错误

66．绑线要在下面绕成小盘再带上杆塔使用。可以在杆塔上卷绕或放开绑线。《安规》(线路部分): 8.3.7 （ ）

答案：错误

67．在同杆塔架设的多回线路上放线或撤线、紧线时，应采取措施防止导线或架空地线由于摆（跳）动或其他原因而与带电导线接近至危险距离以内。《安规》(线路部分): 8.3.9 （ ）

答案：正确

68．在同杆塔架设多回线路中部分线路停电工作，绞车等牵引工具应接地，放落和架设过程中的导线可不接地。《安规》(线路部分): 8.3.9 （ ）

答案：错误

69．挖坑前，应与有关地下管道、电缆等地下设施的主管单位取得联系，明确地下设施的确切位置，做好防护措施。《安规》

（线路部分）：9.1.1　（　）

答案：正确

70．组织外来人员施工挖坑时，应将技术措施交待清楚，并加强监护。《安规》（线路部分）：9.1.1　（　）

答案：错误

71．作业人员不准在坑内休息。《安规》（线路部分）：9.1.2　（　）

答案：正确

72．在土质松软处挖坑，应有防止塌方措施，如加挡板、撑木等。可以站在挡板、撑木上传递土石或放置传土工具。禁止由下部掏挖土层。《安规》（线路部分）：9.1.3　（　）

答案：错误

73．监护人应密切注意挖坑人员，防止煤气、硫化氢等有毒气体中毒及沼气等可燃气体爆炸。《安规》（线路部分）：9.1.4　（　）

答案：正确

74．打锤人应戴手套。《安规》（线路部分）：9.1.7　（　）

答案：错误

75．变压器台架的木杆打帮桩时，相邻两杆可以同时挖坑。《安规》（线路部分）：9.1.8　（　）

答案：错误

76．变压器台架的承力杆打帮桩挖坑时，应采取防止倒杆的措施。使用铁钎时，注意上方导线。《安规》（线路部分）：9.1.8（　）

答案：正确

77．线路施工需要进行爆破作业应遵守《民用爆炸物品安全管理条例》等国家有关规定。《安规》（线路部分）：9.1.9　（　）

答案：正确

78．可利用绳索、拉线上下杆塔或顺杆下滑。《安规》（线路部分）：9.2.2　（　）

答案：错误

79．攀登有覆冰、积雪的杆塔时，应采取防滑措施。《安规》（线路部分）：9.2.2 （ ）

答案：正确

80．安全带和后备保护绳应挂在杆塔同一牢固构件上，后备保护绳不准对接使用。《安规》（线路部分）：9.2.4 （ ）

答案：错误

81．杆塔上作业应使用工具袋，较大的工具应摆放在牢固的构件上，不准随便乱放。上下传递物件应用绳索拴牢传递，禁止上下抛掷。《安规》（线路部分）：9.2.5 （ ）

答案：错误

82．杆塔上下无法避免垂直交叉作业时，应做好防落物伤人的措施，作业时要相互照应，密切配合。《安规》（线路部分）：9.2.5 （ ）

答案：正确

83．雷电时，可以在线路杆塔上作业。《安规》（线路部分）：9.2.8 （ ）

答案：错误

84．在居民区和交通道路附近立、撤杆时，应具备相应的交通组织方案，并设警戒范围或警告标志，必要时设围栏（遮栏），可不派人看守。《安规》（线路部分）：9.3.1 （ ）

答案：错误

85．立、撤杆应使用合格的起重设备，禁止满载使用。《安规》（线路部分）：9.3.2 （ ）

答案：错误

86．立杆及修整杆坑时，应有防止杆身倾斜、滚动的措施，如采用拉绳和叉杆控制等。《安规》（线路部分）：9.3.4 （ ）

答案：正确

87．使用吊车立、撤杆时，吊重和吊车位置应选择适当，吊钩口应封好，并应有防止吊车下沉、倾斜的措施。起、落时应注

意周围环境。《安规》（线路部分）：9.3.6　（　　）

答案：正确

88．使用倒落式抱杆立、撤杆时，抱杆应受力均匀，两侧拉绳应拉好，不准左右倾斜。固定临时拉线时，可固定在有可能移动的物体上，或其他不牢固的物体上。《安规》（线路部分）：9.3.8　（　　）

答案：错误

89．使用固定式抱杆立、撤杆，抱杆基础应平整坚实，缆风绳应分布合理、受力均匀。《安规》（线路部分）：9.3.8　（　　）

答案：正确

90．杆塔分段吊装时，上下段连接牢固后，方可继续进行吊装工作。《安规》（线路部分）：9.3.11　（　　）

答案：正确

91．杆塔分解组立时，主材和侧面大斜材未全部连接牢固前，可以在吊件上作业。《安规》（线路部分）：9.3.12　（　　）

答案：错误

92．在带电设备附近进行立撤杆工作，杆塔、拉线与临时拉线应与带电设备保持所列安全距离，且有防止立、撤杆过程中拉线跳动和杆塔倾斜接近带电导线的措施。《安规》（线路部分）：9.3.13　（　　）

答案：正确

93．已经立起的杆塔，基础未完全夯实牢固和拉线杆塔在拉线未制作完成前，可以攀登。《安规》（线路部分）：9.3.14　（　　）

答案：错误

94．杆塔施工中不宜用临时拉线过夜；需要过夜时，应对临时拉线采取加固措施。《安规》（线路部分）：9.3.14　（　　）

答案：正确

95．检修杆塔不准随意拆除受力构件，如需要拆除时，应事先做好补强措施。《安规》（线路部分）：9.3.15　（　　）

答案：正确

96. 放线、紧线与撤线工作前均应检查放线、紧线与撤线工具及设备是否良好。《安规》(线路部分): 9.4.1 (　　)

答案: 正确

97. 禁止用手直接拉、推导线。《安规》(线路部分): 9.4.3 (　　)

答案: 正确

98. 拆除杆上导线前，应先检查杆顶，做好防止倒杆措施，在挖坑前应先绑好拉绳。《安规》(线路部分): 9.4.5 (　　)

答案: 错误

99. 可以采用突然剪断导、地线的做法松线。《安规》(线路部分): 9.4.6 (　　)

答案: 错误

100. 搭设跨越架应可不设监护。《安规》(线路部分): 9.4.7 (　　)

答案: 错误

101. 放线、撤线工作中使用的跨越架，应使用坚固、无伤、相对较直的木杆、竹竿、金属管等，且应具有能够承受跨越物重量的能力，否则可双杆合并或单杆加密使用。《安规》(线路部分): 9.4.7 (　　)

答案: 正确

102. 类交通道口的跨越架的拉线和路面上部封顶部分，应悬挂醒目的警告标志牌。《安规》(线路部分): 9.4.9 (　　)

答案: 正确

103. 跨越架应经验收合格，每次使用前检查合格后方可使用。《安规》(线路部分): 9.4.10 (　　)

答案: 正确

104. 借用已有线路做软跨放线时，使用的绳索应符合承重安全系数要求。《安规》(线路部分): 9.4.11 (　　)

答案: 正确

105. 在交通道口使用软跨时，施工地段来车一侧应设立交通

警示标志牌，控制绳索人员应注意交通安全。《安规》（线路部分）：9.4.12　（　）

答案：错误

106．在邻近或跨越带电线路采取张力放线时，操作人员站在干燥的绝缘垫上，可以与未站在绝缘垫上的人员接触。《安规》（线路部分）：9.4.13.1　（　）

答案：错误

107．雷雨天可以进行放线作业。《安规》（线路部分）：9.4.13.2　（　）

答案：错误

108．放线作业前应检查导线与牵引绳连接可靠牢固。《安规》（线路部分）：9.4.13.4　（　）

答案：正确

109．高处作业均应先搭设脚手架、使用高空作业车、升降平台或采取其他防止坠落措施，方可进行。《安规》（线路部分）：10.3（　）

答案：正确

110．安全带和专作固定安全带的绳索在使用前应进行外观检查。《安规》（线路部分）：10.7　（　）

答案：正确

111．高处作业人员在作业过程中，应随时检查安全带是否拴牢。高处作业人员在转移作业位置时不准失去安全保护。《安规》（线路部分）：10.10　（　）

答案：正确

112．高处作业使用的脚手架不需验收即可使用。《安规》（线路部分）：10.11　（　）

答案：错误

113．上下脚手架应走坡道或梯子，作业人员不准沿脚手杆或栏杆等攀爬。《安规》（线路部分）：10.11　（　）

答案：正确

114. 高处作业应一律使用工具袋。《安规》(线路部分): 10.12 (　　)

答案: 正确

115. 在进行高处作业时，除有关人员外，不准他人在工作地点的下面通行或逗留，工作地点下面应有专人留守，防止落物伤人。《安规》(线路部分): 10.13 (　　)

答案: 错误

116. 在进行高处作业时，如在格栅式的平台上工作，为了防止工具和器材掉落，应采取有效隔离措施，如铺设木板等。《安规》(线路部分): 10.13 (　　)

答案: 正确

117. 高处作业区周围的孔洞、沟道等应设置盖板、安全网或围栏有固定其位置的措施。同时，应设置安全标志，夜间还应设红灯示警。《安规》(线路部分): 10.15 (　　)

答案: 正确

118. 低温或高温环境下进行高处作业，应采取保暖和防暑降温措施，作业时间不宜过长。《安规》(线路部分): 10.16 (　　)

答案: 正确

119. 梯子应坚固完整，有防滑措施。梯子的支柱应能承受作业人员及所携带的工具、材料攀登时的总重量。《安规》(线路部分): 10.18 (　　)

答案: 正确

120. 梯子不宜绑接使用。人字梯应有限制开度的措施。《安规》(线路部分): 10.19 (　　)

答案: 正确

121. 人在梯子上时，在确保安全的前提下可以移动梯子。《安规》(线路部分): 10.19 (　　)

答案: 错误

122. 使用软梯、挂梯作业时，工作人员到达梯头上进行工作

和梯头开始移动前，应将梯头的封口可靠封闭，否则应使用保护绳防止梯头脱钩。《安规》(线路部分): 10.20　（　）

答案：正确

123．利用高空作业车、带电作业车、叉车、高处作业平台等进行高处作业，高处作业平台应处于稳定状态，短距离移动车辆时，作业平台上允许载人。《安规》(线路部分): 10.22　（　）

答案：错误

124．起重设备经检验检测机构监督检验合格，并在特种设备安全监督管理部门登记。《安规》(线路部分): 11.1.1　（　）

答案：正确

125．起重设备的操作人员和指挥人员应经专业技术培训，并经有关安全规程考试合格、取得合格证后方可独立上岗作业，其合格证种类应与所操作（指挥）的起重机类型相符合。《安规》(线路部分): 11.1.2　（　）

答案：错误

126．起重设备作业人员在作业中应严格执行起重设备的操作规程和有关的安全规章制度。《安规》(线路部分): 11.1.2（　）

答案：正确

127．一切重大物件的起重、搬运工作应由有经验的专人负责，作业前应向参加工作的全体人员进行技术交底，使全体人员均熟悉起重搬运方案和安全措施。《安规》(线路部分): 11.1.4（　）

答案：正确

128．起重搬运时只能由一人统一指挥，必要时可设置中间指挥人员帮助指挥。《安规》(线路部分): 11.1.4　（　）

答案：错误

129．雷雨天时，可进行野外起重作业。《安规》(线路部分): 11.1.5　（　）

答案：错误

130．移动式起重设备应安置平稳牢固，并应设有制动装置。

《安规》(线路部分): 11.1.6 (　　)

答案: 错误

131. 起吊物件应绑扎牢固，若物件有棱角或特别光滑的部位时，在棱角和滑面与绳索（吊带）接触处应加以包垫。《安规》(线路部分): 11.1.7 (　　)

答案: 正确

132. 起吊电杆等长物件应选择悬挂方便的吊点，并采取防止突然倾倒的措施。《安规》(线路部分): 11.1.7 (　　)

答案: 错误

133. 更换绝缘子串和移动导线的作业，当采用单吊（拉）线装置时，应采取防止导线脱落时的后备保护措施。《安规》(线路部分): 11.1.9 (　　)

答案: 正确

134. 吊物上不许站人，作业人员可利用吊钩来上升或下降。《安规》(线路部分): 11.1.10 (　　)

答案: 错误

135. 得到工作负责人的同意，作业人员可登上起重机。《安规》(线路部分): 11.2.1 (　　)

答案: 错误

136. 起吊重物稍一离地（或支持物），应再检查悬吊及捆绑，认为可靠后方准继续起吊。《安规》(线路部分): 11.2.4 (　　)

答案: 正确

137. 禁止与工作无关人员在起重工作区域内行走或停留。11.2.5 (　　)

答案: 正确

138. 臂架式起重机应设有力矩限制器和幅度指示器。铁路起重机应安有夹轨钳。《安规》(线路部分): 11.2.6 (　　)

答案: 正确

139. 人工搬运的过道应平坦畅通，如在夜间搬运，应有足够

的照明。《安规》（线路部分）：11.3.1　（　）

答案：正确

140．人工搬运如需经过山地陡坡或凹凸不平之处，应预先制定运输方案，采取必要的安全措施。《安规》（线路部分）：11.3.1　（　）

答案：正确

141．装运电杆、变压器和线盘应绑扎牢固，并用绳索绞紧。水泥杆、线盘的周围应塞牢，防止滚动、移动伤人。《安规》（线路部分）：11.3.2　（　）

答案：正确

142．运载超长、超高或重大物件时，物件重心应与车厢承重中心基本一致，超长物件尾部应设标志。可以客货混装。《安规》（线路部分）：11.3.2　（　）

答案：错误

143．装卸电杆等笨重物件应采取措施，防止散堆伤人。《安规》（线路部分）：11.3.3　（　）

答案：正确

144．装卸电杆等笨重物件，分散卸车时，每卸一根之前，应防止其余杆件滚动；每卸完一处，应将车上其余的杆件堆放整齐后，方可继续运送。《安规》（线路部分）：11.3.3　（　）

答案：错误

145．多人抬杠，应同肩，步调一致，起放电杆时应相互呼应协调。重大物件需用肩杠运时应有足够的人员。雨、雪后抬运物件时应有防滑措施。《安规》（线路部分）：11.3.5　（　）

答案：错误

146．高压线路不停电时，工作负责人应向全体人员说明线路上有电，并加强监护。《安规》（线路部分）：12.1.1　（　）

答案：正确

147．在双电源和有自备电源的用户线路的高压系统接入点，

应有明显断开点，以防止停电作业时用户设备反送电。《安规》(线路部分)：12.1.3　（　）

答案：正确

148. 在配电设备上工作，作业前检查双电源和有自备电源的用户已采取机械或电气联锁等防反送电的强制性技术措施。《安规》(线路部分)：12.1.3　（　）

答案：正确

149. 环网柜、电缆分支箱等箱式设备宜设置验电、接地装置。《安规》(线路部分)：12.1.4　（　）

答案：正确

150. 进行配电设备停电作业前，应断开可能送电到待检修设备、配电变压器各侧的所有线路（包括用户线路）断路器（开关）和熔断器，并验电后才能进行工作。《安规》(线路部分)：12.1.5（　）

答案：错误

151. 两台及以上配电变压器低压侧共用一个接地引下线时，其中任一台配电变压器停电检修，其他配电变压器无需停电。《安规》(线路部分)：12.1.6　（　）

答案：错误

152. 配电设备验电时，应戴橡胶手套。《安规》(线路部分)：12.1.7　（　）

答案：错误

153. 进行电容器停电工作时，应先断开电源，将电容器充分放电后才能进行工作。《安规》(线路部分)：12.1.8　（　）

答案：错误

154. 倒闸操作过程中禁止解锁。如需解锁，应履行批准手续。解锁工具（钥匙）使用后应及时封存。《安规》(线路部分)：12.1.10　（　）

答案：正确

155. 配电设备中使用的普通型电缆接头，需带电插拔的工

作，应制定工作方案，经本单位批准后，方可执行。《安规》（线路部分）：12.1.11（　　）

答案：错误

156．可带电插拔的肘型电缆接头，不宜带负荷操作。《安规》（线路部分）：12.1.11（　　）

答案：正确

157．核相工作应逐相进行。《安规》（线路部分）：12.1.12（　　）

答案：正确

158．架空绝缘导线不应视为绝缘设备，作业人员不准直接接触或接近。架空绝缘线路与裸导线线路停电作业的安全要求相同。《安规》（线路部分）：12.2.1（　　）

答案：正确

159．电能表与电流互感器、电压互感器配合安装时，必须停电进行。《安规》（线路部分）：12.3.2（　　）

答案：错误

160．作业人员在接触运用中配电箱、电表箱前，应检查接地装置是否良好，并用验电笔确认其确无电压后，方可接触。《安规》（线路部分）：12.3.3（　　）

答案：正确

161．当发现配电箱、电表箱箱体带电时，应断开下一级电源将其停电，查明带电原因，并作相应处理。《安规》（线路部分）：12.3.4（　　）

答案：错误

162．装表接电工作中，带电接电时可不戴手套。《安规》（线路部分）：12.3.5（　　）

答案：错误

163．不填用工作票的低压电气工作可单人进行。《安规》（线路部分）：12.4.1（　　）

答案：正确

164．低压电气带电工作使用有绝缘柄的工具，其外裸的导电部位应采取绝缘措施，防止操作时相间或相对地短路。《安规》(线路部分)：12.4.2 （ ）

答案：正确

165．低压电气带电工作应戴手套、护目镜，并保持对地绝缘。《安规》(线路部分)：12.4.2 （ ）

答案：正确

166．低压电气带电工作，需使用锉刀、金属尺和带有金属物的毛刷、毛掸等工具时应做好相应的安全措施。《安规》(线路部分)：12.4.2 （ ）

答案：错误

167．高低压同杆架设，在低压带电线路上工作时，应先检查与高压线的距离，采取防止误碰带电高压设备的措施。在下层低压带电导线未采取绝缘措施或未停电时，可以穿越线路。《安规》(线路部分)：12.4.3 （ ）

答案：错误

168．在带电的低压配电装置上工作时，应采取防相间短路和单相接地的绝缘隔离措施。《安规》(线路部分)：12.4.3 （ ）

答案：正确

169．低压带电作业上杆前，应先分清相、零线，选好工作位置。断开导线时，应先断开零线，后断开相线。《安规》(线路部分)：12.4.4 （ ）

答案：错误

170．低压带电作业，人体不准同时接触两根线头。《安规》(线路部分)：12.4.4 （ ）

答案：正确

171．在海拔 1000m 以上（750kV 为海拔 2000m 以上）带电作业时，应根据作业区不同海拔，修正各类空气与固体绝缘的安全距离和长度、绝缘子片数等，并编制操作工艺方案和安全措施，

经本单位批准后执行。《安规》(线路部分)：13.1.1 ( )

答案：错误

172．带电作业工作票签发人和工作负责人、专责监护人应由具有丰富的工作经验、能胜任带电作业工作的人员担任。《安规》(线路部分)：13.1.4 ( )

答案：错误

173．带电作业应设专责监护人。监护人不准直接操作。简单的带电作业，监护人可以同时对两个作业点进行监护。复杂或高杆塔作业必要时应增设（塔上）监护人。《安规》(线路部分)：13.1.5 ( )

答案：错误

174．带电作业禁止约时停用或恢复重合闸及直流线路再启动功能。《安规》(线路部分)：13.1.7 ( )

答案：正确

175．带电作业结束后应及时向工作票签发人汇报。《安规》(线路部分)：13.1.8 ( )

答案：错误

176．带电作业需要停用重合闸或直流线路再启动功能的作业和带电断、接引线应由值班调控人员履行许可手续。《安规》(线路部分)：13.1.8 ( )

答案：正确

177．在带电作业过程中如设备突然停电，作业人员应视设备已经停电。《安规》(线路部分)：13.1.9 ( )

答案：错误

178．在带电作业过程中如设备突然停电，工作负责人应尽快与调控人员联系，值班调控人员与工作许可人取得联系后可以送电。《安规》(线路部分)：13.1.9 ( )

答案：错误

179．进行地电位带电作业，35kV 及以下的带电设备不能满足规定的最小安全距离时，应采取可靠的绝缘隔离措施。《安规》

（线路部分）：13.2.1 （ ）

答案：正确

180. 非特殊需要，不应在跨越处下方或邻近有电力线路或其他弱电线路的档内进行带电架、拆线的工作。《安规》（线路部分）：13.2.7 （ ）

答案：正确

181. 如需在跨越处下方或邻近有电力线路或其他弱电线路的档内进行带电架、拆线的工作，则应制定可靠的操作工艺方案，即可进行。《安规》（线路部分）：13.2.7 （ ）

答案：错误

182. 35kV及以下电压等级的电力线路和电气设备上不准进行等电位带电作业。《安规》（线路部分）：13.3.1 （ ）

答案：错误

183. 等电位作业人员沿绝缘子串进入强电场的作业，其组合间隙若不满足规定，应加装绝缘隔离措施。《安规》（线路部分）：13.3.5 （ ）

答案：错误

184. 等电位作业人员沿绝缘子串进入强电场的作业，扣除人体短接的和零值的绝缘子片数后，良好绝缘子片数不准小于规定。《安规》（线路部分）：13.3.5 （ ）

答案：正确

185. 750、1000kV等电位作业应使用电位转移棒进行电位转移。《安规》（线路部分）：13.3.6 （ ）

答案：正确

186. 沿导、地线上悬挂的软、硬梯或飞车进入强电场的作业，在瓷横担线路上禁止挂梯作业，在转动横担的线路上挂梯前应将横担固定。《安规》（线路部分）：13.3.8 （ ）

答案：正确

187. 等电位作业人员在作业中禁止用酒精、汽油等易燃品擦拭

带电体及绝缘部分，防止起火。《安规》(线路部分)：13.3.9（　）

答案：正确

188．带电断、接空载线路时，作业人员应戴墨镜，并应采取消弧措施。《安规》(线路部分)：13.4.1（　）

答案：错误

189．在查明线路确无接地、绝缘良好、相位确定无误后，便可进行带电断、接引线。《安规》(线路部分)：13.4.1（　）

答案：错误

190．带电接、引线时未接通相的导线及带电断引线时已断开相的导线将因感应而带电。为防止电击，应采取措施后才能触及。《安规》(线路部分)：13.4.1（　）

答案：正确

191．带电断、接引线时，禁止同时接触未接通的或已断开的导线两个断头，以防人体串入电路。《安规》(线路部分)：13.4.1（　）

答案：正确

192．禁止用断、接空载线路的方法使两电源解列或并列。《安规》(线路部分)：13.4.2（　）

答案：正确

193．作业现场的生产条件和安全设施等应符合有关标准、规范的要求，工作人员的劳动防护用品应合格、齐备。《安规》(线路部分)：1.2.1（　）

答案：正确

194．经常有人工作的场所及施工车辆上宜配备工具箱，存放急救用品，并应指定专人经常检查、补充或更换。《安规》(线路部分)：1.2.2（　）

答案：错误

第三章

国家电网公司电力安全工作规程（配电部分）

第一节　单　选　题

1．为加强配电作业现场管理，规范各类工作人员的行为，保证（　　）、电网和设备安全，依据国家有关法律、法规，结合配电作业实际，制定本规程。《安规》（配电部分）：1.1

A．工器具；B．人身；C．居民。

答案：B

2．作业人员（　　）违章指挥和强令冒险作业；在发现直接危及人身、电网和设备安全的紧急情况时，有权停止作业或者在采取可能的紧急措施后撤离作业场所，并立即报告。

《安规》（配电部分）：1.2

A．有权拒绝；B．无权拒绝；C．必须执行。

答案：A

3．在试验和推广新技术、新工艺、新设备、新材料的同时，应制定相应的安全措施，经本单位批准后执行。《安规》（配电部分）：1.3

A．相关单位；B．施工单位；C．本单位。

答案：C

4．电气设备分为高压和低压两种：

高压电气设备：

电压等级 1000V 以上者；

低压电气设备：

电压等级（　　）V 及以下者。《安规》（配电部分）：1.1

A．2000；B．1000；C．1200。

答案：B

5．为加强配电作业现场管理，规范各类工作人员的行为，保证（　　）、电网和设备安全，依据国家有关法律、法规，结合配电作业实际，制定本规程。《安规》(配电部分)：1.1

A．工器具；B．人身；C．居民。

答案：B

6．配电线路系指（　　）kV 及以下配电网中的架空线路、电缆线路及其附属设备等。《安规》(配电部分)：1.6

A．6；B．10；C．20；D．35。

答案：C

7．作业人员应经医师鉴定，无妨碍工作的病症，体格检查每（　　）至少一次。《安规》(配电部分)：2.1.1

A．半年；B．一年；C．两年；D．三年。

答案：C

8．作业人员应接受相应的安全生产知识教育和岗位技能培训，掌握配电作业必备的电气知识和业务技能，并按工作性质，熟悉本规程的相关部分，经（　　）合格上岗。《安规》(配电部分)：2.1.3

A．培训；B．口试；C．考试；D．考核。

答案：C

9．参与公司系统所承担电气工作的外单位或外来人员应熟悉本规程；经考试合格，并经（　　）认可后，方可参加工作。《安规》(配电部分)：2.1.4

A．工程管理单位；B．设备运维管理单位；

C．公司领导；D．安监部门。

答案：B

10．作业人员应被告知其作业现场和（　　）存在的危险因素、防范措施及事故紧急处理措施。《安规》(配电部分)：2.1.5

A．办公地点；B．生产现场；C．工作岗位；D．检修地点。

答案：C

11．进入作业现场应正确佩戴安全帽，现场作业人员还应穿（　　）、绝缘鞋。《安规》(配电部分)：2.1.6

A．绝缘服；B．屏蔽服；C．防静电服；D．全棉长袖工作服。

答案：D

12．作业人员对本规程应每年考试一次。因故间断电气工作连续（　　）及以上者，应重新学习本规程，并经考试合格后，方可恢复工作。《安规》(配电部分)：2.1.9

A．一个月；B．两个月；C．三个月；D．六个月。

答案：C

13．新参加电气工作的人员、实习人员和临时参加劳动的人员（管理人员、非全日制用工等），应经过（　　）后，方可下现场参加指定的工作，并且不得单独工作。《安规》(配电部分)：2.1.10

A．专业技能培训；B．安全生产知识教育；

C．考试合格；D．电气知识培训。

答案：B

14．在多电源和有自备电源的用户线路的（　　）处，应有明显断开点。《安规》(配电部分)：2.2.1

A．低压系统接入点；B．分布式电源接入点；

C．高压系统接入点；D．产权分界点。

答案：C

15．在多电源和有自备电源的用户线路的高压系统接入点，应有明显（　　）。《安规》(配电部分)：2.2.1

A．电气指示；B．机械指示；C．警示标识；D．断开点。

答案：D

16．在绝缘导线所有电源侧及适当位置（如支接点、耐张杆处等）、柱上变压器高压引线，应装设（　　）或其他验电、接地装置。《安规》(配电部分)：2.2.2

A．验电环；B．接地环；C．带电显示器；D．验电接地环。

答案：D

17．封闭式高压配电设备（　　）应装设带电显示装置。《安规》（配电部分）：2.2.5

A．进线电源侧；B．出线线路侧；

C．进线电源侧和出线线路侧；D．进线侧。

答案：C

18．柱上断路器应有分、合位置的（　　）指示。《安规》（配电部分）：2.2.9

A．机械；B．电气；C．仪表；D．带电。

答案：A

19．封闭式组合电器引出电缆备用孔或母线的终端备用孔应用（　　）封闭。《安规》（配电部分）：2.2.10

A．绝缘挡板；B．防火泥；C．专用器具；D．遮栏。

答案：C

20．待用间隔（已接上母线的备用间隔）应有（　　），并纳入调度控制中心管辖范围。其隔离开关（刀闸）操作手柄、网门应能加锁。《安规》（配电部分）：2.2.11

A．名称；B．编号；

C．名称、编号；D．名称、编号、电压等级。

答案：C

21．高压手车开关拉出后，（　　）应可靠封闭。《安规》（配电部分）：2.2.12

A．绝缘挡板；B．柜门；C．箱盖；D．隔离挡板。

答案：D

22．作业现场的生产条件和安全设施等应符合有关标准、规范的要求，作业人员的（　　）应合格、齐备。《安规》（配电部分）：2.3.1

A．劳动防护用品；B．工作服；

C．安全工器具；D．施工机具。

答案：A

23．经常有人工作的场所及施工车辆上宜配备急救箱，存放（　　），并应指定专人经常检查、补充或更换。《安规》（配电部分）：2.3.2

A．防蚊虫药品；B．医用绷带；C．创可贴；D．急救用品。

答案：D

24．地下配电站过道和楼梯处，应设（　　）和应急照明等。《安规》（配电部分）：2.3.3

A．防踏空线；B．逃生指示；C．防绊跤线；D．挡鼠板。

答案：B

25．装有SF_6设备的配电站，应装设强力通风装置，风口应设置在（　　），其电源开关应装设在门外。《安规》（配电部分）：2.3.4

A．室内中部；B．室内顶部；

C．室内底部；D．室内电缆通道。

答案：C

26．配电站、开闭所户内高压配电设备的裸露导电部分对地高度小于（　　）m时，该裸露部分底部和两侧应装设护网。《安规》（配电部分）：2.3.6

A．2.8；B．2.5；C．2.6；D．2.7。

答案：B

27．配电站、开闭所户外10kV高压配电线路、设备所在场所的行车通道上，车辆（包括装载物）外廓至无遮栏带电部分之间的安全距离为（　　）m。《安规》（配电部分）：2.3.7

A．0.7；B．0.95；C．1.05；D．1.15。

答案：B

28．配电站、开闭所户外20kV高压配电线路、设备所在场所的行车通道上，车辆（包括装载物）外廓至无遮栏带电部分之间的安全距离为（　　）m。《安规》（配电部分）：2.3.7

A．0.7；B．0.95；C．1.05；D．1.15。

答案：C

29．凡装有攀登装置的杆、塔，攀登装置上应设置（　　）标示牌。《安规》（配电部分）：2.3.11

A．“止步，高压危险！”；B．“禁止攀登，高压危险！”；

C．“从此上下！”；D．“有电危险！”。

答案：B

30．装设于（　　）的配电变压器应设有安全围栏，并悬挂“止步，高压危险！”等标示牌。《安规》（配电部分）：2.3.11

A．室外；B．室内；C．柱上；D．地面。

答案：D

31．装设于地面的配电变压器应设有安全围栏，并悬挂（　　）等标示牌。《安规》（配电部分）：2.3.11

A．“止步，高压危险！”；B．“禁止攀登，高压危险！”；

C．“从此上下！”；D．“有电危险！”。

答案：A

32．检修作业，若需将栏杆拆除时，应装设（　　），并在检修作业结束时立即将栏杆装回。《安规》（配电部分）：2.3.12.2

A．临时遮栏；B．固定遮栏；

C．安全警示牌；D．安全警示灯。

答案：A

33．检修作业临时遮栏应由上、下两道横杆及栏杆柱组成。上杆离地高度为（　　）mm，下杆离地高度为500～600mm，并在栏杆下边设置严密固定的高度不低于180mm的挡脚板。《安规》（配电部分）：2.3.12.2

A．1000～1200；B．1050～1200；

C．1000～1250；D．1050～1250。

答案：B

34．现场勘察工作，对涉及（　　）的作业项目，应由项目主管部门、单位组织相关人员共同参与。《安规》（配电部分）：3.2.2

A．多专业、多部门；B．多部门、多单位；

C．多专业、多单位；D．多专业、多部门、多单位。

答案：D

35．开工前，工作负责人或工作票签发人应重新核对现场勘察情况，发现与原勘察情况有变化时，应及时修正、完善相应的（　　）。《安规》（配电部分）：3.2.5

A．施工方案；B．组织措施；C．技术措施；D．安全措施。

答案：D

36．配电工作，需要将高压线路、设备停电或做安全措施者，应填用（　　）。《安规》（配电部分）：3.3.2

A．配电线路第一种工作票；B．配电线路第二种工作票；

C．配电第一种工作票；D．配电第二种工作票。

答案：C

37．10kV 及以下高压线路、设备不停电时的安全距离为（　　）m。《安规》（配电部分）：3.3.3

A．0.35；B．0.6；C．0.7；D．1.0。

答案：C

38．非连续进行的故障修复工作，应使用（　　）。《安规》（配电部分）：（3.3.6）

A．故障紧急抢修单；B．工作票；

C．施工作业票；D．故障应急抢修单。

答案：B

39．工作票票面上若有个别（　　）需要修改、补充时，应使用规范的符号，字迹应清楚。《安规》（配电部分）：3.3.8.2

A．错字；B．漏字；C．错、漏字；D．工作任务。

答案：C

40．由工作班组现场操作时，若不填用操作票，应将设备的双重名称，（　　）及操作内容等按操作顺序填写在工作票上。《安规》（配电部分）：3.3.8.3

A．设备名称和编号；B．线路的名称、杆号、位置；

C．双重称号；D．设备名称。

答案：B

41．配电工作票由设备运维管理单位签发，也可由经设备运维管理单位审核合格且经批准的（ ）签发。《安规》（配电部分）：3.3.8.5

A．修试及基建单位；B．修试（施工）单位；

C．检修及基建单位；D．检修（施工）单位。

答案：D

42．供电单位或施工单位到用户工程或设备上检修（施工）时，工作票应由有权签发的（ ）签发。《安规》（配电部分）：3.3.8.7

A．供电单位；B．用户单位、施工单位或供电单位；

C．用户单位或供电单位；D．施工单位或用户单位。

答案：B

43．同一电压等级、同类型、相同安全措施且依次进行的（ ）上的不停电工作，可使用一张配电第二种工作票。《安规》（配电部分）：3.3.9.2

A．不同配电线路或不同工作地点；B．不同配电线路；C．不同工作地点；D．相邻配电线路。

答案：A

44．配电带电作业工作票，对（ ）且依次进行的数条线路上的带电作业，可使用一张配电带电作业工作票。《安规》（配电部分）：3.3.9.3

A．同一电压等级；

B．同一电压等级、同类型；

C．同一电压等级、相同安全措施；

D．同一电压等级、同类型、相同安全措施。

答案：D

45．工作许可时，工作票一份由工作负责人收执，其余留存

于（　　）处。《安规》（配电部分）：3.3.9.6

A．工作票签发人或专责监护人；

B．工作票签发人或工作许可人；

C．工作许可人或用户负责人；

D．工作许可人或专责监护人。

答案：B

46．工作期间，工作票应始终保留在（　　）手中。《安规》（配电部分）：3.3.9.6

A．工作票签发人；B．工作负责人；

C．工作许可人；D．专责监护人。

答案：B

47．工作任务单一式两份，由工作票签发人或工作负责人签发，一份由（　　）留存，一份交小组负责人。《安规》（配电部分）：3.3.9.8

A．工作许可人；B．工作负责人；

C．工作票签发人；D．专责监护人。

答案：B

48．工作任务单由（　　）许可，一份由工作负责人留存，一份交小组负责人。《安规》（配电部分）：3.3.9.8

A．值班调控人员；B．工作许可人；

C．工作负责人；D．运维负责人。

答案：C

49．工作结束后，由小组负责人向（　　）办理工作结束手续。《安规》（配电部分）：3.3.9.8

A．工作票签发人；B．工作负责人；

C．工作许可人；D．值班调控人员。

答案：B

50．一回线路检修（施工），邻近或交叉的其他电力线路需配合停电和接地时，应在工作票中列入（　　）。《安规》（配电部

分）：3.3.9.10

A．安全措施；B．相应的安全措施；

C．技术措施；D．相应的技术措施。

答案：B

51．一回线路检修（施工），若配合停电线路属于其他单位，应由（　　）单位事先书面申请，经配合停电线路的运维管理单位同意并实施停电、验电、接地。《安规》（配电部分）：3.3.9.10

A．运维；B．施工；C．检修；D．检修（施工）。

答案：D

52．需要进入变电站或发电厂升压站进行架空线路、电缆等工作时，应增填工作票份数（按许可单位确定数量），分别经（　　）许可，并留存。《安规》（配电部分）：3.3.9.11

A．变电站或发电厂等设备运维管理单位的工作许可人；

B．调度；

C．设备运维管理单位负责人；

D．变电站或发电厂负责人。

答案：A

53．检修（施工）单位的工作票签发人和工作负责人名单应事先送（　　）备案。《安规》（配电部分）：3.3.9.11

A．调度控制中心；B．安全监督部门；

C．设备运维管理单位；D．工区（车间）。

答案：C

54．若需变更或增设（　　），应填用新的工作票，并重新履行签发、许可手续。《安规》（配电部分）：3.3.9.12

A．安全条件；B．施工范围；C．工作任务；D．安全措施。

答案：D

55．配电第一种工作票，应在工作（　　）送达设备运维管理单位（包括信息系统送达）。《安规》（配电部分）：3.3.9.15

A．前两天；B．前一天；C．当天；D．前一周。

答案：B

56．需要（　　）操作设备的配电带电作业工作票和需要办理工作许可手续的配电第二种工作票，应在工作前一天送达设备运维管理单位。《安规》（配电部分）：3.3.9.15

A．带电作业人员；B．运维人员；

C．监控人员；D．值班调控人员。

答案：B

57．不需要办理许可手续的配电第二种工作票，由工作负责人向（　　）提出申请，得到同意后给予办理。《安规》（配电部分）：3.3.10.2

A．值班调控人员；B．工作票签发人；

C．工作许可人；D．运维人员。

答案：B

58．工作票只能延期（　　）。《安规》（配电部分）：3.3.10.3

A．一次；B．两次；C．三次；D．四次。

答案：A

59．（　　）不得延期。《安规》（配电部分）：3.3.10.4

A．配电第一种工作票；B．配电第二种工作票；

C．带电作业工作票；D．低压工作票。

答案：C

60．工作负责人应由有本专业工作经验、熟悉工作范围内的设备情况、熟悉本规程，并经（　　）批准的人员担任。《安规》（配电部分）：3.3.11.2

A．工区（车间）；B．单位；C．上级单位；D．公司。

答案：A

61．专责监护人应由具有相关专业工作经验，熟悉工作范围内的（　　）情况和本规程的人员担任。《安规》（配电部分）：3.3.11.4

A．设备；B．现场；C．接线；D．运行。

答案：A

62．专责监护人的安全责任包含：明确被监护人员和（ ）。《安规》（配电部分）：3.3.12.4

A．许可工作的命令正确；B．工作必要性；

C．监护范围；D．安全注意事项。

答案：C

63．填用配电第一种工作票的工作，应得到（ ）的许可，并由工作负责人确认工作票所列当前工作所需的安全措施全部完成后，方可下令开始工作。《安规》（配电部分）：3.4.4

A．现场工作许可人；B．配电运维人员；

C．全部工作许可人；D．值班调控人员。

答案：C

64．所有许可手续（工作许可人姓名、许可方式、许可时间等）均应记录在（ ）上。《安规》（配电部分）：3.4.4

A．工作票；B．值班日志；C．作业指导书；D．记录簿。

答案：A

65．带电作业需要停用重合闸（含已处于停用状态的重合闸），应向（ ）申请并履行工作许可手续。《安规》（配电部分）：3.4.5

A．运行人员；B．设备运维管理单位；

C．调控人员；D．运行值班负责人。

答案：C

66．填用配电（ ）工作票的配电线路工作，可不履行工作许可手续。《安规》（配电部分）：3.4.6

A．第一种；B．第二种；C．低压；D．带电作业。

答案：B

67．填用配电第二种工作票的配电线路工作，可不履行（ ）手续。《安规》（配电部分）：3.4.6

A．工作票；B．工作许可；C．工作监护；D．工作交接。

答案：B

68．用户侧设备检修，在电网侧设备停电措施实施后，由电

网侧设备的运维管理单位或调度控制中心负责向（　　）许可。《安规》（配电部分）：3.4.7

A．用户负责人；B．用户技术部门人员；

C．用户电工；D．用户停送电联系人。

答案：D

69．禁止（　　）停、送电。《安规》（配电部分）：3.4.11

A．同时；B．约时；C．分时；D．按时。

答案：B

70．专责监护人临时离开时，应通知（　　）停止工作或离开工作现场，待专责监护人回来后方可恢复工作。《安规》（配电部分）：3.5.4

A．工作班成员；B．作业人员；

C．小组负责人；D．被监护人员。

答案：D

71．专责监护人需长时间离开工作现场时，应由（　　）变更专责监护人，履行变更手续，并告知全体被监护人员。《安规》（配电部分）：3.5.4

A．工作票签发人；B．工作许可人；

C．工作负责人；D．工作票签发人与工作负责人。

答案：C

72．工作期间，工作负责人若需暂时离开工作现场，应指定能胜任的人员临时代替，离开前应将工作现场交待清楚，并告知（　　）。《安规》（配电部分）：3.5.5

A．被监护人员；B．部分工作班成员；

C．全体工作班成员；D．专责监护人。

答案：C

73．工作班成员的变更，应经（　　）的同意，并在工作票上做好变更记录。《安规》（配电部分）：3.5.6

A．工作票签发人；B．工作许可人；

C．工作负责人；D．工作票签发人与工作许可人。

答案：C

74．使用同一张工作票依次在（　　）转移工作时，若工作票所列的安全措施在开工前一次做完，则在工作地点转移时不需要再分别办理许可手续。《安规》（配电部分）：3.6.4

A．同一工作地点；B．不同工作地点；

C．邻近工作地点；D．同一平面。

答案：B

75．一条配电线路分区段工作，若填用一张工作票，经（　　）同意，在线路检修状态下，由工作班自行装设的接地线等安全措施可分段执行。《安规》（配电部分）：3.6.5

A．工作票签发人；B．工作许可人；

C．工作负责人；D．专责监护人。

答案：A

76．接地线拆除后，（　　）不得再登杆工作或在设备上工作。《安规》（配电部分）：3.7.1

A．工作班成员；B．任何人；C．运行人员；D．作业人员。

答案：B

77．工作完工后，应清扫整理现场，工作负责人（包括小组负责人）应检查（　　）的状况。《安规》（配电部分）：3.7.1

A．停电地段；B．检修地段；C．工作地段；D．杆塔上。

答案：C

78．工作地段所有由工作班自行装设的接地线拆除后，工作负责人应及时向相关工作许可人（含配合停电线路、设备许可人）报告（　　）。《安规》（配电部分）：3.7.2

A．工作票结束；B．工作票终结；

C．工作结束；D．工作终结。

答案：D

79．（　　）报告应简明扼要，并包括下列内容：工作负责人姓名，某线路（设备）上某处（说明起止杆塔号、分支线名称、位置称号、设备双重名称等）工作已经完工等。《安规》（配电部分）：3.7.5

A．工作间断；B．工作许可；C．工作终结；D．工作转移。

答案：C

80．工作许可人在接到所有工作负责人（包括用户）的终结报告，并确认所有工作已完毕，所有（　　）已撤离，所有接地线已拆除，与记录簿核对无误并做好记录后，方可下令拆除各侧安全措施。《安规》（配电部分）：3.7.6

A．工作许可人；B．小组负责人；

C．工作票签发人；D．工作人员。

答案：D

81．（　　）在接到所有工作负责人（包括用户）的终结报告，并确认所有工作已完毕，所有工作人员已撤离，所有接地线已拆除，与记录簿核对无误并做好记录后，方可下令拆除各侧安全措施。《安规》（配电部分）：3.7.6

A．值班调控人员；B．工作票签发人；

C．工作许可人；D．变电站值班负责人。

答案：C

82．作业人员工作中正常活动范围与 10kV 高压线路、设备带电部分的安全距离为（　　）m。《安规》（配电部分）：4.2.1.3

A．0.35；B．0.6；C．0.7；D．1。

答案：A

83．任何运行中星形接线设备的中性点，应视为（　　）设备。《安规》（配电部分）：4.2.2

A．大电流接地；B．不带电；C．带电；D．停电。

答案：C

84．停电线路、设备的断开点，应有能够反映线路、设备运行状态的电气和机械等指示。无明显断开点也无电气、机械等指

示时，应断开（　　）。《安规》（配电部分）：4.2.3

A．同级电源；B．下一级电源；

C．上一级电源；D．断路器（开关）。

答案：C

85．对难以做到与电源完全断开的检修线路、设备，可（　　）其与电源之间的电气连接。《安规》（配电部分）：4.2.4

A．断开；B．拆除；C．隔离；D．拉开。

答案：B

86．高压开关柜前后间隔没有可靠隔离的，工作时应（　　）。《安规》（配电部分）：4.2.6

A．同时停电；B．加强监护；

C．装设围栏；D．加装绝缘挡板。

答案：A

87．电气设备（　　）在母线或引线上的，设备检修时应将母线或引线停电。《安规》（配电部分）：4.2.6

A．直接连接；B．间接连接；C．可靠连接；D．连接。

答案：A

88．室外低压配电线路和设备验电宜使用（　　）。《安规》（配电部分）：4.3.1

A．绝缘棒；B．工频高压发生器；

C．声光验电器；D．高压验电棒。

答案：C

89．高压验电前，验电器应先在有电设备上试验，确证验电器良好；无法在有电设备上试验时，可用（　　）高压发生器等确证验电器良好。《安规》（配电部分）：4.3.2

A．工频；B．高频；C．中频；D．低频。

答案：A

90．雨雪天气室外设备宜采用间接验电；若直接验电，应使用（　　），并戴绝缘手套。《安规》（配电部分）：4.3.3

A．声光验电器；B．高压声光验电器；

C．雨雪型验电器；D．高压验电棒。

答案：C

91．禁止作业人员越过（　　）的线路对上层线路、远侧进行验电。《安规》(配电部分)：4.3.4

A．未停电；B．未经验电、接地；

C．未经验电；D．未停电、接地。

答案：B

92．当验明确已无电压后，应立即将检修的高压配电线路和设备接地并（　　）短路。《安规》(配电部分)：4.4.1

A．单相；B．两项；C．三相；D．中相和边相。

答案：C

93．配合停电的交叉跨越或邻近线路，在交叉跨越或邻近线路处附近应装设（　　）接地线。《安规》(配电部分)：4.4.3

A．一组；B．两组；C．相应；D．三组。

答案：A

94．禁止作业人员擅自变更工作票中指定的接地线位置，若需变更，应由工作负责人征得（　　）同意，并在工作票上注明变更情况。《安规》(配电部分)：4.4.6

A．工作许可人或专责监护；

B．工作许可人或小组负责人；

C．工作票签发人或专责监护人；

D．工作票签发人或工作许可人。

答案：D

95．装设、拆除接地线均应使用（　　）并戴绝缘手套，人体不得碰触接地线或未接地的导线。《安规》(配电部分)：4.4.8

A．绝缘绳；B．专用的绝缘绳；C．绝缘棒；D．软铜线。

答案：C

96．装设接地线应（　　），拆除接地线的顺序与此相反。《安

规》（配电部分）：4.4.9

A．先接母线侧、后接负荷侧；B．先接负荷侧、后接母线侧；

C．先接导体端、后接接地端；D．先接接地端、后接导体端。

答案：D

97．电缆及电容器接地前应（　　）充分放电。《安规》（配电部分）：4.4.11

A．逐相；B．保证一点；C．单相；D．三相。

答案：A

98．低压配电设备、低压电缆、集束导线停电检修，无法装设接地线时，应采取（　　）或其他可靠隔离措施。《安规》（配电部分）：4.4.16

A．停电；B．悬挂标示牌；C．绝缘遮蔽；D．装设遮栏。

答案：C

99．在工作地点或检修的配电设备上悬挂（　　）标示牌。《安规》（配电部分）：4.5.1

A．“在此工作！”；B．“从此进出！”；

C．“禁止合闸，有人工作！”；D．“止步，高压危险！”。

答案：A

100．工作地点有可能误登、误碰的邻近带电设备，应根据设备运行环境悬挂（　　）等标示牌。《安规》（配电部分）：4.5.2

A．“从此上下！”；B．“在此工作！”；

C．“止步，高压危险！”；D．“当心触电！”。

答案：C

101．由于设备原因，（　　）与检修设备之间连有断路器（开关），在接地刀闸和断路器（开关）合上后，在断路器（开关）的操作处或机构箱门锁把手上，应悬挂“禁止分闸！”标示牌。《安规》（配电部分）：4.5.4

A．停电设备；B．隔离开关；C．接地开关；D．非检修设备。

答案：C

102．高压开关柜内手车开关拉出后，隔离带电部位的挡板应可靠封闭，禁止开启，并设置（　　）标示牌。《安规》（配电部分）：4.5.5

A．“止步，高压危险！”；B．“禁止合闸，有人工作！”；

C．“禁止合闸，线路有人工作！”；D．“当心触电！”。

答案：A

103．配电线路、设备检修，在显示屏上断路器（开关）或（　　）的操作处应设置“禁止合闸，有人工作！”或“禁止合闸，线路有人工作！”以及“禁止分闸！”标记。《安规》（配电部分）：4.5.6

A．接地开关；B．母线开关；

C．隔离开关；D．保护压板。

答案：C

104．配电站户外高压设备部分停电检修或新设备安装，工作地点四周围栏上悬挂适当数量的“止步，高压危险！”标示牌，标示牌应朝向（　　）。《安规》（配电部分）：4.5.8

A．围栏里面；B．围栏外面；C．围栏入口；D．围栏出口。

答案：A

105．部分停电的工作，小于规程规定距离以内的未停电设备，应装设临时遮栏，临时遮栏可用坚韧绝缘材料制成，装设应牢固，并悬挂（　　）标示牌。《安规》（配电部分）：4.5.9

A．“止步，高压危险！”；B．“禁止合闸，有人工作！”；

C．“在此工作！”；D．“禁止合闸，线路有人工作！”。

答案：A

106．配电设备检修，若无法保证安全距离或因工作特殊需要，可用与带电部分直接接触的（　　）隔板代替临时遮栏。《安规》（配电部分）：4.5.11

A．绝缘；B．木质；C．塑料；D．泡沫。

答案：A

107．城区、（　）或交通道口和通行道路上施工时，工作场所周围应装设遮栏（围栏），并在相应部位装设警告标示牌。《安规》（配电部分）：4.5.12

A．山区；B．郊区；C．有人区域；D．人口密集区。

答案：D

108．巡视工作应由（　　）的人员担任。《安规》（配电部分）：5.1.1

A．工作负责人；B．工作许可人；

C．值班负责人；D．有配电工作经验。

答案：D

109．单独巡视人员应经（　　）批准并公布。《安规》（配电部分）：5.1.1

A．公司领导；B．工区领导；C．工区；D．安质部门。

答案：C

110．电缆隧道、偏僻山区、夜间、事故或恶劣天气等巡视工作，应至少（　　）人一组进行。《安规》（配电部分）：5.1.2

A．两；B．三；C．四；D．五。

答案：A

111．正常巡视应（　　）。《安规》（配电部分）：5.1.3

A．穿绝缘鞋；B．穿纯棉工作服；C．穿绝缘靴；D．戴手套。

答案：A

112．夜间巡线应携带足够的（　　）。《安规》（配电部分）：5.1.3

A．干粮；B．照明用具；C．急救药品；D．防身器材。

答案：B

113．灾害发生后，若需对配电线路、设备进行巡视，应得到（　　）批准。《安规》（配电部分）：5.1.7

A．设备运维管理单位领导；B．设备运维管理单位；

C．工作负责人；D．值班调控人员。

答案：B

114．巡视中发现高压配电线路、设备接地或高压导线、电缆断落地面、悬挂空中时，室内人员应距离故障点（　　）m 以外。《安规》（配电部分）：5.1.9

A．2；B．4；C．6；D．8。

答案：B

115．进入 SF_6 配电装置室，应（　　）。《安规》（配电部分）：5.1.11

A．先检测；B．先通风；C．使用防护用品；D．先散热。

答案：B

116．配电站、开闭所、箱式变电站等的钥匙至少应有（　　）。《安规》（配电部分）：5.1.12

A．一把；B．二把；C．三把；D．四把。

答案：C

117．具备条件的设备可进行（　　）操作，即应用可编程计算机进行的自动化操作。《安规》（配电部分）：5.2.1.2

A．就地；B．远方；C．程序；D．遥控。

答案：C

118．经设备运维管理单位考试合格、批准的检修人员，可进行配电线路、设备的监护操作，监护人应是同一单位的（　　）。《安规》（配电部分）：5.2.2.1

A．检修人员；B．设备运维人员；

C．工作负责人；D．检修人员或设备运维人员。

答案：D

119．检修人员操作的设备和接、发令程序及安全要求应由（　　）批准，并报相关部门和调度控制中心备案。《安规》（配电部分）：5.2.2.1

A．公司；B．工区；C．设备运维管理单位；D．安质部。

答案：C

120．若有可靠的确认和自动记录手段，可实行（　　）操作。

《安规》（配电部分）：5.2.2.2

A．远方单人；B．远方；C．单人；D．程序。

答案：A

121．有与现场高压配电线路、设备和实际相符的系统模拟图或（　　）（包括各种电子接线图）。《安规》（配电部分）：5.2.3.1

A．模拟图；B．电气图；C．地理图；D．接线图。

答案：D

122．配电设备的防误操作闭锁装置不得随意退出运行，停用防误操作闭锁装置应经（　　）批准。《安规》（配电部分）：5.2.3.3

A．工区领导；B．工作负责人；C．公司；D．工区。

答案：D

123．短时间退出防误操作闭锁装置，由（　　）批准，并应按程序尽快投入。《安规》（配电部分）：5.2.3.3

A．工区；B．配电运维班班长；

C．调度控制中心；D．防误专责人。

答案：B

124．设备检修时，回路中所有（　　）刀闸的操作手柄，应加挂机械锁。《安规》（配电部分）：5.2.3.4

A．来电侧；B．受电侧；C．两侧；D．负荷侧。

答案：A

125．发布指令的全过程（包括对方复诵指令）和听取指令的报告时，（　　）应录音并做好记录。《安规》（配电部分）：5.2.4.2

A．低压指令；B．高压指令；C．所有指令；D．单项指令。

答案：B

126．倒闸操作时，对指令有疑问时应向（　　）询问清楚无误后执行。《安规》（配电部分）：5.2.4.3

A．工作负责人；B．发令人；

C．工作许可人；D．现场监护人。

答案：B

127．高压电气设备倒闸操作一般应由（　　）填用配电倒闸操作票。每份操作票只能用于一个操作任务。《安规》(配电部分)：5.2.5.1

A．操作人员；B．工作负责人；

C．工作监护人；D．检修人员。

答案：A

128．已操作的操作票应注明（　　）字样。操作票至少应保存 1 年。《安规》(配电部分)：5.2.5.5

A．已操作；B．已执行；C．合格；D．已终结。

答案：B

129．操作票至少应保存（　　）。《安规》(配电部分)：5.2.5.5

A．6 个月；B．1 年；C．2 年；D．1 个月。

答案：B

130．倒闸操作中发生疑问时，（　　）。待发令人再行许可后，方可继续操作。《安规》(配电部分)：5.2.6.4

A．不得更改操作票，应立即停止操作，并向发令人报告；

B．应立即停止操作，并向发令人报告；

C．不得更改操作票，应立即停止操作；

D．应立即向发令人报告。

答案：A

131．用间接方法判断操作后的设备位置时，至少应有两个（　　）指示发生对应变化，且所有这些确定的指示均已同时发生对应变化，方可确认该设备已操作到位。《安规》(配电部分)：5.2.6.7

A．非同样构造或非同源的；B．同样原理或同源的；C．非同样原理或非同源的；D．非同样原理或非同期的。

答案：C

132．若遇特殊情况需解锁操作，应经设备运维管理部门防误操作装置专责人或（　　）指定并经公布的人员到现场核实无误并签字。《安规》(配电部分)：5.2.6.8

A．公司；B．调控部门；

C．设备运维管理部门；D．设备检修管理部门。

答案：C

133．（ ）时，禁止就地倒闸操作和更换熔丝。《安规》（配电部分）：5.2.6.12

A．大风；B．雷电；C．大雨；D．大雪。

答案：B

134．实行远方遥控操作，程序操作的设备、项目，需经（ ）批准。《安规》（配电部分）：5.2.7.1

A．工作负责人；B．工作签发人；

C．本单位；D．监护人。

答案：C

135．（ ）断路器（开关）前，宜对现场发出提示信号，提醒现场人员远离操作设备。《安规》（配电部分）：5.2.7.2

A．远方遥控操作；B．远方程序操作；

C．就地操作；D．拉开。

答案：A

136．远方遥控操作继电保护软压板，至少应有（ ）指示发生对应变化，且所有这些确定的指示均已同时发生对应变化，方可确认该压板已操作到位。《安规》（配电部分）：5.2.7.3

A．两个；B．三个；C．四个；D．一个。

答案：A

137．摘挂跌落式熔断器的熔管，应使用（ ），并派人监护。《安规》（配电部分）：5.2.8.5

A．绝缘棒；B．验电器；C．操作杆；D．专用工具。

答案：A

138．砍剪靠近带电线路的树木，（ ）应在工作开始前，向全体作业人员说明电力线路有电。《安规》（配电部分）：5.3.2

A．工作负责人；B．工作许可人；

C．工作票签发人；D．专业室领导。

答案：A

139．砍剪靠近带电线路的树木，工作负责人应在工作开始前，向全体作业人员说明电力线路有电；人员、树木、绳索应与导线保持 10kV（　　）m 的安全距离。《安规》(配电部分)：5.3.2

A．0.7；B．1.0；C．1.5；D．3。

答案：B

140．为防止树木（树枝）倒落在线路上，应使用绝缘绳索将其拉向与线路（　　）的方向，绳索应有足够的长度和强度，以免拉绳的人员被倒落的树木砸伤。《安规》(配电部分)：5.3.4

A．相反；B．60°；C．90°；D．相同。

答案：A

141．上树时，应使用安全带，安全带不得系在待砍剪树枝的（　　）附近或以上。不得攀抓脆弱和枯死的树枝；不得攀登已经锯过或砍过的未断树木。《安规》(配电部分)：5.3.7

A．茎部；B．断口；C．枝丫；D．根部。

答案：B

142．使用油锯和电锯的作业，应由（　　）的人员操作。使用时，应先检查所能锯到的范围内有无铁钉等金属物件，以防金属物体飞出伤人。《安规》(配电部分)：5.3.9

A．熟悉工作组人员；B．熟悉操作方法；

C．熟悉机械性能；D．熟悉机械性能和操作方法。

答案：D

143．挖坑前，应与有关地下管道、电缆等设施的（　　）取得联系，明确地下设施的确切位置，做好防护措施。《安规》(配电部分)：6.1.1

A．主管单位；B．运行单位；C．维护单位；D．建设单位。

答案：A

144．在超过（　　）m 深的基坑内作业时，向坑外抛掷土石

应防止土石回落坑内，并做好防止土层塌方的临边防护措施。《安规》(配电部分)：6.1.3

A．1；B．1.5；C．2；D．2.5。

答案：B

145．不得站在（　　）传递土石或放置传土工具；禁止由下部掏挖土层。《安规》（配电部分）6.1.4

A．挡板上；B．撑木上；C．挡板、撑木上；D．脚手架上。

答案：C

146．在下水道、煤气管线、潮湿地、垃圾堆或有腐质物等附近挖坑时，应设（　　）。《安规》(配电部分)：6.1.5

A．工作负责人；B．工作许可人；

C．监护人；D．工作班成员。

答案：C

147．在下水道、煤气管线、潮湿地、垃圾堆或有腐质物等附近挖坑时，应设监护人。在挖深超过（　　）m 的坑内工作时，应采取安全措施，如戴防毒面具、向坑中送风和持续检测等。《安规》(配电部分)：6.1.5

A．1；B．1.5；C．2；D．2.5。

答案：C

148．在居民区及交通道路附近开挖的基坑，应设坑盖或可靠遮栏，加挂警告标示牌，夜间挂（　　）。《安规》(配电部分)：6.1.6

A．黄灯；B．绿灯；C．红灯；D．红外灯。

答案：C

149．塔脚检查，在不影响铁塔稳定的情况下，可以在（　　）两个塔脚同时挖坑。《安规》(配电部分)：6.1.7

A．对角线；B．同一侧；C．四个角中任选；D．相邻。

答案：A

150．登杆塔前，应核对（　　）。《配电安规》6.2.1

A．杆号；B．线路名称和杆号；C．杆基；D．线路名称。

答案：B

151．遇有冲刷、起土、上拔或导地线、拉线松动的杆塔，登杆塔前，应先（　　）、打好临时拉线或支好架杆。《安规》（配电部分）：6.2.1

A．培土加固；B．三交待；C．两穿一戴；D．测量接地电阻。

答案：A

152．攀登杆塔过程中应检查（　　）和金具锈蚀情况。《安规》（配电部分）：6.2.1

A．纵向裂纹；B．横向裂纹；C．裂纹；D．绝缘子污染。

答案：B

153．在人员密集或有人员通过的地段进行杆塔上作业时，（　　）下方应按坠落半径设围栏或其他保护措施。《安规》（配电部分）：6.2.3

A．杆塔；B．杆上人员；C．作业点；D．横担。

答案：C

154．作业人员攀登杆塔时，手扶的构件应（　　）。《安规》（配电部分）：6.2.3

A．牢固；B．方便；C．灵活；D．耐用。

答案：A

155．在杆塔上使用梯子或临时工作平台，应将两端与固定物可靠连接，一般应由（　　）人在其上作业。《安规》（配电部分）：6.2.4

A．一；B．二；C．三；D．四。

答案：A

156．立、撤杆应设专人统一指挥。开工前，应交待施工方法、指挥信号和（　　）。《安规》（配电部分）：6.3.1

A．安全措施；B．技术措施；C．组织措施；D．应急措施。

答案：A

157. 立、撤杆塔时，禁止基坑内有人。除指挥人及指定人员外，其他人员应在杆塔高度的（ ）倍距离以外。《安规》（配电部分）：6.3.3

A. 1.1；B. 1.2；C. 1.3；D. 1.4。

答案：B

158. 使用临时拉线时，一个锚桩上的临时拉线不得超过（ ）。《安规》（配电部分）：6.3.6

A. 一根；B. 两根；C. 三根；D. 四根。

答案：B

159. 利用已有杆塔立、撤杆，应检查杆塔（ ）及拉线和杆塔的强度，必要时应增设临时拉线或采取其他补强措施。《安规》（配电部分）：6.3.7

A. 基础；B. 根部；C. 中部；D. 上部。

答案：B

160. 使用吊车立、撤杆塔，钢丝绳套应挂在电杆的（ ），以防止电杆突然倾倒。《安规》（配电部分）：6.3.8

A. 中间位置；B. 根部；C. 上部；D. 适当位置。

答案：D

161. 使用倒落式抱杆立、撤杆时，主牵引绳、尾绳、杆塔中心及抱杆顶应在一条直线上，抱杆下部应固定牢固，抱杆顶部应设临时拉线，并由（ ）均匀调节控制。《安规》（配电部分）：6.3.9

A. 安全监护人；B. 技术人员；

C. 工作负责人；D. 有经验的人员。

答案：D

162. 在带电线路、设备附近立、撤杆塔，杆塔、拉线、临时拉线、起重设备、起重绳索应与带电线路、设备保持规程所规定的安全距离，且应有防止（ ）接近带电导线的措施。《安规》（配电部分）：6.3.12

A．立杆过程中拉线跳动和杆塔倾斜；

B．立、撤杆过程中拉线跳动和杆塔倾斜；

C．立、撤杆过程中拉线跳动；

D．撤杆过程中拉线杆塔倾斜

答案：B

163．在 110kV 带电设备附近立、撤杆塔，杆塔、拉线、临时拉线、起重设备、起重绳索应与带电线路、设备保持的最小安全距离为（　　）m。《安规》（配电部分）：6.3.12

A．3；B．4；C．5；D．6。

答案：C

164．在 35kV 带电设备附近立、撤杆塔，杆塔、拉线、临时拉线、起重设备、起重绳索应与带电线路、设备保持的最小安全距离为（　　）m。《安规》（配电部分）：6.3.12

A．3；B．4；C．5；D．6。

答案：B

165．在交叉跨越各种线路、铁路、公路、河流等地方放线、撤线，应先取得有关主管部门同意，做好跨越架搭设、封航、封路、在路口设专人持（　　）看守等安全措施。《安规》（配电部分）：6.4.2

A．信号旗；B．警示标志；C．对讲机；D．荧光棒。

答案：A

166．交叉跨越各种线路、铁路、公路、河流等放、撤线时，应先取得（　　）同意，做好跨越架搭设、封航、封路、在路口设专人持信号旗看守等安全措施。《安规》（配电部分）：6.4.2

A．主管部门；B．上级部门；

C．经信部门；D．交通部门。

答案：A

167．拆除杆上导线前，应检查（　　），做好防止倒杆措施，在挖坑前应先绑好拉绳。《安规》（配电部分）：6.4.5

A．卡盘；B．拉线；C．埋深；D．杆根。

答案：D

168．放线、紧线时，处理有卡、挂现象，应松线后处理。处理时操作人员应站在卡线处（　　）。《安规》（配电部分）：6.4.6

A．内侧；B．外侧；C．下方；D．上方。

答案：B

169．放线、紧线与撤线时，作业人员不应站在或跨在已受力的牵引绳、导线的（　　），展放的导线圈内以及牵引绳或架空线的垂直下方。《安规》（配电部分）：6.4.7

A．外角侧；B．内角侧；C．上方；D．受力侧。

答案：B

170．（　　）采用突然剪断导线的做法松线。《安规》（配电部分）：6.4.9

A．原则上不得；B．可以；

C．禁止；D．在保障安全前提下可。

答案：C

171．架空绝缘导线不得视为（　　）。《安规》（配电部分）：6.5.1

A．绝缘设备；B．导电设备；C．承力设备；D．载流设备。

答案：A

172．邻近带电导线的工作中，应使用绝缘无极绳索，风力应小于（　　）级，并设人监护。《安规》（配电部分）：6.6.2

A．4；B．5；C．6；D．7。

答案：B

173．在带电杆塔上进行测量、防腐、巡视检查、紧杆塔螺栓、清除杆塔上异物等工作，风力应小于（　　）级。《安规》（配电部分）：6.6.2

A．6；B．5；C．4；D．3。

答案：B

174. 若停电检修的线路与另一回带电线路（　　），并导致工作时人员和工器具可能和另一回线路接触或接近至规程规定的安全距离以内，则另一回线路也应停电并接地。《安规》(配电部分)：6.6.3

A. 交叉；B. 平行；C. 同杆架设；D. 交叉或接近。

答案：D

175. 邻近10kV带电线路工作时，人体、导线、施工机具等与带电线路的距离应满足（　　）m要求。《安规》(配电部分)：6.6.4

A. 1.0；B. 0.7；C. 0.4；D. 0.9。

答案：A

176. 在110kV带电线路下方进行交叉跨越档内松紧、降低或架设导线的检修及施工，应采取防止导线跳动或过牵引与带电线路接近至（　　）m 安全距离的措施。《安规》(配电部分)：6.6.5

A. 2；B. 2.5；C. 3；D. 3.5。

答案：C

177. 同杆（塔）架设多回线路中部分线路停电的工作时，工作票中应填写多回线路中每回线路的（　　）。《安规》(配电部分)：6.7.1

A. 双重称号；B. 双重名称；C. 位置称号；D. 线路名称。

答案：A

178. 在带电导线附近使用绑线时，应在下面绕成小盘再带上杆塔。禁止在杆塔上（　　）。《安规》(配电部分)：6.7.6

A. 卷绕或放开绑线；B. 卷绕绑线；

C. 放开绑线；D. 使用绑线。

答案：A

179. 柱上变压器台架工作，若变压器的低压侧无法装设接地线，应采用（　　）措施。《安规》(配电部分)：7.1.2

A．禁止工作；B．加强监护；C．拆除引线；D．绝缘遮蔽。

答案：D

180．不宜在跌落式熔断器（　　）新装、调换引线，若必须进行，应采用绝缘罩将跌落式熔断器上部隔离，并设专人监护。《安规》（配电部分）：7.1.3

A．上部；B．下部；C．左侧；D．右侧。

答案：B

181．环网柜部分停电工作，若进线柜线路侧有电，进线柜应设遮栏，悬挂“（　　）”标示牌。《安规》（配电部分）：7.3.3

A．止步，高压危险！；B．禁止合闸，有人工作！；

C．禁止攀登、高压危险！；D．从此进出。

答案：A

182．210.非运维人员进行的低压测量工作，宜填用（　　）。《安规》（配电部分）：8.2.9

A．配电第一种工作票；B．配电第二种工作票；

C．配电带电作业工作；D．低压工作票。

答案：D

183．配电变压器柜的（　　）应有防误入带电间隔的措施，新设备应安装防误入带电间隔闭锁装置。《安规》（配电部分）：7.3.4

A．柜体；B．后盖；C．柜门；D．操作把手。

答案：C

184．在配电站或高压室内搬动梯子、管子等长物，应（　　），并与带电部分保持足够的安全距离。《安规》（配电部分）：7.3.7

A．放倒，由两人搬运；B．放倒，由一人搬运；

C．一人水平搬运；D．两人水平搬运。

答案：A

185．低压配电网中的开断设备应易于操作，并有明显的（　　）指示。《安规》（配电部分）：8.1.2

A．仪表；B．信号；C．开断；D．机械。

答案：C

186．低压电气工作时，拆开的引线、断开的线头应采取（　　）等遮蔽措施。《安规》(配电部分)：8.1.5

A．胶带包裹；B．绝缘包裹；

C．帆布遮盖；D．剪断包裹。

答案：B

187．低压电气带电工作使用的工具应有（　　）。《安规》(配电部分)：8.1.8

A．绝缘柄；B．木柄；C．塑料柄；D．金属外壳。

答案：A

188．所有未接地或未采取绝缘遮蔽、断开点加锁挂牌等可靠措施隔绝电源的低压线路和设备都应视为（　　）。《安规》(配电部分)：8.1.9

A．检修；B．运行；C．停运；D．带电。

答案：D

189．不填用工作票的低压电气工作可（　　）进行。《安规》(配电部分)：8.1.10

A．两人；B．三人；C．单人；D．单人监护。

答案：C

190．高低压同杆（塔）架设，在（　　）低压带电导线未采取绝缘隔离措施或未停电接地时，作业人员不得穿越。《安规》(配电部分)：8.2.3

A．上层；B．下层；C．对侧；D．邻近。

答案：B

191．低压装表接电时，（　　）。《安规》(配电部分)：8.2.4

A．应先安装计量装置后接电；

B．应先接电后安装计量装置；

C．计量装置安装和接电的顺序无要求；

D．计量装置安装和接电应同时进行。

答案：A

192．电容器柜内工作，应断开电容器的电源、（　　）后，方可工作。《安规》(配电部分)：8.2.5

A．逐相充分放电；B．充分放电；C．刀闸拉开；D．接地。

答案：A

193．当发现配电箱、电表箱箱体带电时，应（　　），查明带电原因，并作相应处理。《安规》(配电部分)：8.2.7

A．检查接地装置；B．断开上一级电源；

C．通知用户停电；D．先接地。

答案：B

第二节　判　断　题

1．在发现直接危及人身、电网和设备安全的紧急情况时，有权停止作业或者在采取可能紧急措施后撤离作业场所，并立即报告。《安规》(配电部分)：1.2　（　　）

答案：正确

2．在试验和推广新技术、新工艺、新设备、新材料的同时，应制定相应的安全措施，经本单位分管生产的领导（总工程师）批准后执行。《安规》(配电部分)：1.3　（　　）

答案：错误

3．低压电气设备电压等级为 1000V 以下。《安规》(配电部分)：1.4　（　　）

答案：错误

4．高压电气设备电压等级为在 1000V 以上。《安规》(配电部分)：1.4　（　　）

答案：正确

5．进出配电站、开闭所应随手关门。《安规》(配电部分)：

2.1.7 （　　）

答案：正确

6．工作人员禁止擅自开启直接封闭带电部分的高压配电设备柜门、箱盖、封板等。《安规》(配电部分)：2.1.8 （　　）

答案：正确

7．新参加电气工作的人员、实习人员和临时参加劳动的人员（管理人员、非全日制用工等），应经过安全生产知识教育后，方可下现场单独工作。《安规》(配电部分)：2.1.10 （　　）

答案：错误

8．在绝缘导线所有电源侧及适当位置（如支接点、耐张杆处等）、柱上变压器高压引线处，应装设验电接地环或其他验电、接地装置。《安规》(配电部分)：2.2.2 （　　）

答案：正确

9．高压配电站、开闭所、箱式变电站、环网柜等高压配电设备应有防误操作闭锁装置。《安规》(配电部分)：2.2.3 （　　）

答案：正确

10．柜式配电设备的母线侧封板应使用专用螺丝和工具，专用工具应妥善保存，柜内有电时禁止开启。《安规》(配电部分)：2.2.4 （　　）

答案：正确

11．配电设备的操作机构上应有中文操作说明和状态指示。《安规》(配电部分)：2.2.6 （　　）

答案：正确

12．配电设备接地电阻应合格。《安规》(配电部分)：2.2.7 （　　）

答案：正确

13．环网柜、电缆分支箱等箱式配电设备宜装设验电、接地装置。《安规》(配电部分)：2.2.8 （　　）

答案：正确

14．待用间隔（已接上母线的备用间隔）可暂不用名称、编号，但应纳入调度控制中心管辖范围。《安规》(配电部分)：2.2.11（　）

答案：错误

15．经常有人工作的场所及施工车辆上应配备急救箱，存放急救用品，并应指定专人定期检查、补充或更换。《安规》(配电部分)：2.3.2（　）

答案：错误

16．配电站、开闭所、箱式变电站的门应朝向内开。《安规》(配电部分)：2.3.5（　）

答案：错误

17．电缆孔洞，应用防水材料严密封堵。《安规》(配电部分)：2.3.10（　）

答案：错误

18．井、坑、孔、洞或沟（槽），应覆以与地面齐平而坚固的盖板。检修作业，若需将盖板取下，应设临时围栏，并设置警示标识，夜间还应设黄灯示警。《安规》(配电部分)：2.3.12.1（　）

答案：错误

19．井、坑、孔、洞或沟（槽），应覆以与地面齐平而坚固的盖板。检修作业，禁止临时打孔、洞。《安规》(配电部分)：2.3.12.1（　）

答案：错误

20．所有吊物孔、没有盖板的孔洞、楼梯和平台，应装设不低于1000mm高的栏杆和不低于100mm高的护板。《安规》(配电部分)：2.3.12.2（　）

答案：错误

21．现场勘察后，现场勘察记录应送交工作负责人及相关各方，作为填写、签发工作票等的依据。《安规》(配电部分)：3.2.4（　）

答案：错误

22．开工前，工作负责人或工作票签发人应重新核对现场勘察情况，发现与原勘察情况有变化时，应重新填写、签发工作票。《安规》（配电部分）：3.2.5 （ ）

答案：错误

23．填用配电第一种工作票的工作：配电工作，需要将高压线路、设备停电者。《安规》（配电部分）：3.3.2 （ ）

答案：错误

24．高压配电（含相关场所及二次系统）工作，与邻近带电高压线路或设备的距离大于规程规定，应填用配电第二种工作票。《安规》（配电部分）：3.3.3 （ ）

答案：错误

25．高压配电（含相关场所及二次系统）工作，与邻近带电高压线路或设备的距离大于规程规定，不需要将高压线路、设备停电或做安全措施者，应填用配电第二种工作票。《安规》（配电部分）：3.3.3 （ ）

答案：错误

26．工作时人身与 10kV 带电体的距离为 0.35m 时，应采取带电作业方式。《安规》（配电部分）：3.3.4 （ ）

答案：错误

27．低压配电工作，不需要将低压线路、设备停电或做安全措施者，应填用低压工作票。《安规》（配电部分）：3.3.5 （ ）

答案：错误

28．配电线路、设备故障紧急处理应填用工作票或配电故障紧急抢修单。《安规》（配电部分）：3.3.6 （ ）

答案：正确

29．接户、进户计量装置上的停电工作，可使用其他书面记录或按口头、电话命令执行。《安规》（配电部分）：3.3.7.5（ ）

答案：错误

30．不需要高压线路、设备停电或做安全措施的配电运维一体工作，可使用其他书面记录或按口头、电话命令执行。《安规》（配电部分）：3.3.8.2　（　）

答案：正确

31．用计算机生成或打印的工作票应使用统一的票面格式。《安规》（配电部分）：3.3.8.4　（　）

答案：正确

32．工作票应由工作许可人审核，手工或电子签发后方可执行。《安规》（配电部分）：3.3.8.5　（　）

答案：错误

33．工作票须由设备运维管理单位签发。《安规》（配电部分）：3.3.8.6　（　）

答案：错误

34．承、发包工程，工作票可实行“双签发”。签发工作票时，双方工作票签发人在工作票上分别签名，各自承担相应的安全责任。《安规》（配电部分）：3.3.8.8　（　）

答案：正确

35．一张工作票中，工作票签发人、工作许可人和工作负责人三者不得为同一人。《安规》（配电部分）：3.3.8.8　（　）

答案：正确

36．一张配电工作票中，现场工作许可人与工作负责人不得相互兼任。《安规》（配电部分）：3.3.9.1　（　）

答案：错误

37．同一高压配电站、开闭所内，全部停电或属于同一电压等级、同时停送电的几个电气连接部分上的工作，可使用一张配电第一种工作票。《安规》（配电部分）：3.3.9.1　（　）

答案：错误

38．配电变压器及与其连接的高低压配电线路、设备上依次停送电的工作，可使用一张配电第一种工作票。《安规》（配电部

分): 3.3.9.1 (　　)

答案：错误

39. 同一天在几处同类型高压配电站、开闭所、箱式变电站、柱上变压器等配电设备上同时进行的同类型停电工作，可使用一张配电第一种工作票。《安规》(配电部分): 3.3.9.1 (　　)

答案：错误

40. 同一高压配电站、开闭所内，在几个电气连接部分上依次进行的同类型不停电工作可使用一张配电第一种工作票。《安规》(配电部分): 3.3.9.2 (　　)

答案：错误

41. 对同一电压等级、同类型且依次进行的数条配电线路上的带电作业，可使用一张配电带电作业工作票。《安规》(配电部分): 3.3.9.3 (　　)

答案：错误

42. 对同一个工作日的多条低压配电线路或设备上的工作，可使用一张低压工作票。《安规》(配电部分): 3.3.9.4 (　　)

答案：错误

43. 工作负责人应提前知晓工作票内容，并做好工作准备。《安规》(配电部分): 3.3.9.5 (　　)

答案：正确

44. 一个工作负责人不能同时执行多张工作票。《安规》(配电部分): 3.3.9.7 (　　)

答案：正确

45. 工作票上所列的安全措施应包括所有工作任务单上所列的安全措施。《安规》(配电部分): 3.3.9.9 (　　)

答案：正确

46. 使用工作任务单时，工作票的工作班成员栏内，应填写各工作任务单的工作班成员姓名。《安规》(配电部分): 3.3.9.9 (　　)

答案：错误

47．一回线路检修（施工），若配合停电线路属于其他单位，应由检修（施工）单位事先申请，经配合停电线路的运维管理单位同意并实施停电。《安规》（配电部分）：3.3.9.10　（　）

答案：错误

48．若需变更或增设安全措施，应填用新的工作票，并重新履行签发、许可手续。《安规》（配电部分）：3.3.9.12　（　）

答案：正确

49．变更工作负责人或增加工作任务，若工作票签发人和工作负责人无法当面办理，应通过电话联系，并在工作票登记簿和工作票上注明。《安规》（配电部分）：3.3.9.13　（　）

答案：错误

50．配电第一种工作票，应在工作当天送达设备运维管理单位（包括信息系统送达）。《安规》（配电部分）：3.3.9.15　（　）

答案：错误

51．通过传真送达的工作票，其工作许可手续应待正式工作票送到后履行。《安规》（配电部分）：3.3.9.15　（　）

答案：正确

52．已终结的工作票（含工作任务单）、故障紧急抢修单、现场勘察记录至少应保存2年。《安规》（配电部分）：3.3.9.16（　）

答案：错误

53．配电工作票的有效期，以批准的停电时间为限。《安规》（配电部分）：3.3.10.1　（　）

答案：错误

54．办理配电第一种工作票延期手续，应在工作票的有效期内，由工作签发人向工作许可人提出申请，得到同意后给予办理。《安规》（配电部分）：3.3.10.2　（　）

答案：错误

55．工作票只能延期一次。延期手续应记录在记录簿上。《安规》（配电部分）：3.3.10.3　（　）

答案：错误

56．工作票签发人应由熟悉人员文化水平、熟悉配电网络接线方式、熟悉设备情况、熟悉本规程的人员担任。《安规》（配电部分）：3.3.11.1 （ ）

答案：错误

57．配电工作许可人不包括用户变（配）电站运维人员。《安规》（配电部分）：3.3.11.3 （ ）

答案：错误

58．正确使用施工机具、安全工器具和劳动防护用品是工作班成员的安全责任。《安规》（配电部分）：3.3.12.5 （ ）

答案：正确

59．各工作许可人应在完成工作票所列由其负责的停电安全措施后，方可发出许可工作的命令。《安规》（配电部分）：3.4.1 （ ）

答案：错误

60．现场办理工作许可手续前，工作许可人应与工作票签发人核对线路名称、设备双重名称，检查核对现场安全措施，指明保留带电部位。《安规》（配电部分）：3.4.3 （ ）

答案：错误

61．带电作业需要停用重合闸（含已处于停用状态的重合闸），应向运维人员申请并履行工作许可手续。《安规》（配电部分）：3.4.5 （ ）

答案：错误

62．用户侧设备检修，需电网侧设备配合停电时，应得到用户停送电联系人的电话申请，经批准后方可停电。《安规》（配电部分）：3.4.7 （ ）

答案：错误

63．用户侧设备检修，电网侧设备配合停电.恢复送电，应接到用户停送电联系人的工作结束报告，做好录音并记录后方可进行。《安规》（配电部分）：3.4.7 （ ）

答案：正确

64．在用户设备上工作，许可工作前，工作负责人应检查确认用户设备的操作方法、安全措施符合作业的安全要求。《安规》（配电部分）：3.4.8　（　）

答案：错误

65．采用当面许可的方法许可开始工作的命令时，工作许可人和工作负责人应分别记录许可时间和双方姓名，复诵核对无误。《安规》（配电部分）：3.4.9　（　）

答案：错误

66．工作中若有特殊情况，工作许可人可变更运行接线方式和安全措施，变更后需告知工作负责人。《安规》（配电部分）：3.4.10　（　）

答案：错误

67．工作许可后，工作负责人、专责监护人应向工作班成员交待工作内容、人员分工、带电部位和现场安全措施，告知危险点，并履行签名确认手续，方可下达开始工作的命令。《安规》（配电部分）：3.5.1　（　）

答案：正确

68．工作负责人、工作许可人、专责监护人应始终在工作现场。《安规》（配电部分）：3.5.2　（　）

答案：错误

69．检修人员（包括工作负责人）不宜单独进入高压配电室、开闭所等带电设备区域内。《安规》（配电部分）：3.5.3　（　）

答案：正确

70．若工作需要（如测量极性、回路导通试验、光纤回路检查等），可以准许工作班中的一个人或几人同时在他室进行工作，但工作负责人应在事前将有关安全注意事项予以详尽的告知。《安规》（配电部分）：3.5.3　（　）

答案：错误

71．工作许可人、工作负责人对有触电危险、检修（施工）复杂、容易发生事故的工作，应增设专责监护人，并确定其监护的人员和工作范围。《安规》(配电部分)：3.5.4（　　）

答案：错误

72．工作期间，专责监护人若需暂时离开工作现场，应指定能胜任的人员临时代替，离开前应将工作现场交待清楚，并告知全体工作班成员。《安规》(配电部分)：3.5.5（　　）

答案：错误

73．工作间断，工作班离开工作地点，若接地线拆除，恢复工作前应重新验电、装设接地线。《安规》(配电部分)：3.6.3（　　）

答案：正确

74．多小组工作，工作负责人应在得到主要小组负责人工作结束的汇报后，方可与工作许可人办理工作终结手续。《安规》(配电部分)：3.7.3（　　）

答案：错误

75．工作许可人在接到所有工作签发人（包括用户）的终结报告，并确认所有工作已完毕，所有工作人员已撤离，所有接地线已拆除，与记录簿核对无误并做好记录后，方可下令拆除各侧安全措施。《安规》(配电部分)：3.7.6（　　）

答案：错误

76．工作地点，应停电的线路和设备包括工作地段内有可能反送电的各分支线（包括用户）。《安规》(配电部分)：4.2.1.6（　　）

答案：正确

77．检修线路、设备停电，应把工作地段内所有可能来电的电源全部断开（任何运行中星形接线设备的中性点，应视为带电设备）。《安规》(配电部分)：4.2.2（　　）

答案：正确

78．停电时应拉开隔离开关（刀闸），手车开关应拉至试验或检修位置，使停电的线路和设备两端都有明显断开点。《安规》(配

电部分）：4.2.3 （ ）

答案：错误

79．若无法观察到停电线路、设备的断开点，应有能够反映线路、设备运行状态的电气和机械等指示。《安规》（配电部分）：4.2.3 （ ）

答案：正确

80．禁止在只经断路器（开关）断开电源且未接地的高压配电线路或设备上工作。《安规》（配电部分）：4.2.4 （ ）

答案：正确

81．两台及以上配电变压器低压侧共用一个接地引下线时，其中任一台配电变压器停电检修，其他配电变压器也应停电。《安规》（配电部分）：4.2.5 （ ）

答案：正确

82．配电线路、设备停电时，对可直接在地面操作的断路器（开关）、隔离开关（刀闸）的操作机构应悬挂“禁止合闸，有人工作！”或“禁止合闸，线路有人工作！”的标示牌。《安规》（配电部分）：4.2.8 （ ）

答案：错误

83．配电线路、设备停电时，对不能直接在地面操作的断路器（开关）、隔离开关（刀闸）的操作机构应加锁。《安规》（配电部分）：4.2.8 （ ）

答案：错误

84．配电线路和设备停电检修，接地前，应使用接触式验电器或测电笔。《安规》（配电部分）：4.3. （ ）

答案：错误

85．架空配电线路和高压配电设备验电应有人监护。《安规》（配电部分）：4.3.1 （ ）

答案：正确

86．低压验电前应先在有电部位上试验，以验证验电器或测

电笔良好。《安规》(配电部分): 4.3.2 (　　)

答案: 错误

87. 高压验电时，使用伸缩式验电器，绝缘棒应拉到位，验电时手应握在绝缘棒处，不得超过护环，宜戴绝缘手套。《安规》(配电部分): 4.3.3 (　　)

答案: 错误

88. 检修联络用的断路器（开关）、隔离开关（刀闸），应在其来电侧验电。《安规》(配电部分): 4.3.5 (　　)

答案: 错误

89. 低压配电线路和设备停电后，检修或装表接电前，应在与停电检修部位或表计电气上直接相连的可验电部位验电。《安规》(配电部分): 4.3.6 (　　)

答案: 正确

90. 配合停电的同杆（塔）架设线路装设接地线要求与检修线路相同。《安规》(配电部分): 4.4.3 (　　)

答案: 正确

91. 装设、拆除接地线可不在监护下进行。《安规》(配电部分): 4.4.4 (　　)

答案: 错误

92. 绝缘导线的接地线应装设在验电接地环上。《安规》(配电部分): 4.4.5 (　　)

答案: 正确

93. 禁止作业人员擅自变更工作票中指定的接地线位置。《安规》(配电部分): 4.4.6 (　　)

答案: 正确

94. 作业人员应在接地线的保护范围内作业。禁止在无接地线或接地线装设不齐全的情况下进行高压检修作业。《安规》(配电部分): 4.4.7 (　　)

答案: 正确

95．装设的接地线应接触良好、连接可靠。《安规》(配电部分)：4.4.9　　（　　）

答案：正确

96．电缆作业现场应确认检修电缆至少有两处已可靠接地。《安规》(配电部分)：4.4.11　　（　　）

答案：错误

97．成套接地线应用有透明护套的多股软铜线和专用线夹组成，且高压接地线的截面积不得小于 $16mm^2$。《安规》(配电部分)：4.4.13　　（　　）

答案：错误

98．土壤电阻率较高地区如岩石、瓦砾、沙土等，应采取增加接地体根数、长度、截面积或埋地深度等措施改善接地电阻。《安规》(配电部分)：4.4.14　　（　　）

答案：正确

99．杆塔无接地引下线时，可采用截面积大于 $190mm^2$（如 $\phi16$ 圆钢）、地下深度大于 0.6m 的临时接地体。《安规》(配电部分)：4.4.14　　（　　）

答案：正确

100．配电设备的盘柜检修、查线、试验、定值修改输入等工作，宜在盘柜的前后分别悬挂“在此工作！”标示牌。《安规》(配电部分)：4.5.1　　（　　）

答案：正确

101．若线路上有人工作，应悬挂“禁止合闸，有人工作！”标示牌。《安规》(配电部分)：4.5.3　　（　　）

答案：错误

102．高低压配电室、开闭所部分停电检修或新设备安装，应在工作地点两旁及对面运行设备间隔的遮栏（围栏）上和禁止通行的过道遮栏（围栏）上悬挂“在此工作！”标示牌。《安规》(配电部分)：4.5.7　　（　　）

答案：错误

103．部分停电的工作，小于规程规定距离以内的未停电设备，应装设固定遮栏。《安规》(配电部分)：4.5.9 (　　)

答案：错误

104．部分停电的工作，小于规程规定距离以内的未停电设备，应装设临时遮栏，临时遮栏可用坚韧铁质材料制成，装设应牢固，并悬挂“止步，高压危险！”标示牌。《安规》(配电部分)：4.5.9 (　　)

答案：错误

105．低压开关（熔丝）拉开（取下）后，应在适当位置悬挂“禁止合闸，有人工作！”或“禁止合闸，线路有人工作！”标示牌。《安规》(配电部分)：4.5.10 (　　)

答案：正确

106．禁止越过遮栏(围栏)。《安规》(配电部分)：4.5.13 (　　)

答案：正确

107．因工作原因需短时移动或拆除遮栏（围栏）、标示牌时，应有人监护。完毕后应立即恢复。《安规》(配电部分)：4.5.14 (　　)

答案：正确

108．大风天气巡线，应沿线路上风侧前进，以免触及断落的导线。事故巡视应始终认为线路带电，保持安全距离。夜间巡线，应沿线路内侧进行。《安规》(配电部分)：5.1.4 (　　)

答案：错误

109．大风天气巡线，应沿线路下风侧前进，以免触及断落的导线。《安规》(配电部分)：5.1.4 (　　)

答案：错误

110．雷电时，禁止无照明灯具巡线。《安规》(配电部分)：5.1.5 (　　)

答案：错误

111．地震、台风、洪水、泥石流等灾害发生时，巡视人员与

派出部门之间应保持通信联络。《安规》（配电部分）：5.1.6（　　）

答案：错误

112．单人巡视，禁止攀登杆塔和配电变压器台架。《安规》（配电部分）：5.1.8（　　）

答案：正确

113．无论高压配电线路、设备是否带电，巡视人员不得单独移开或越过遮栏；若有必要移开遮栏时，应工区领导同意，并保持规程规定的安全距离。《安规》（配电部分）：5.1.10（　　）

答案：错误

114．配电站、开闭所、箱式变电站等的钥匙至少应有 3 把，一把专供紧急时使用，一把专供运维人员使用。其他可以借给经批准的高压设备巡视人员和经批准的检修、施工队伍的工作负责人使用，但应登记签名，巡视或工作结束后立即交还。《安规》（配电部分）：5.1.12（　　）

答案：正确

115．低压配电网巡视时，禁止触碰裸露带电部位。《安规》（配电部分）：5.1.13（　　）

答案：正确

116．倒闸操作有就地操作和遥控操作两种方式。《安规》（配电部分）：5.2.1.1（　　）

答案：正确

117．监护操作时，应由对设备较为熟悉者作操作人。《安规》（配电部分）：5.2.2.1（　　）

答案：错误

118．经设备运维管理单位考试合格、批准的检修人员，可进行配电线路、设备的单人操作。《安规》（配电部分）：5.2.2.1（　　）

答案：错误

119．单人操作是指一人进行的操作。《安规》（配电部分）：5.2.2.2（　　）

答案：正确

120. 实行单人操作的设备、项目及操作人员需经设备运维管理单位及调度控制中心批准。《安规》(配电部分)：5.2.2.2（　）

答案：错误

121. 短时间退出防误操作闭锁装置，由配电运维班班长批准，并应按程序尽快投入。《安规》(配电部分)：5.2.2.3（　）

答案：正确

122. 倒闸操作时发令人和受令人应先互报单位和姓名，发布指令的全过程（包括对方复诵指令）和听取指令的报告时，高压指令和低压指令应录音并做好记录。《安规》(配电部分)：5.2.4.2（　）

答案：错误

123. 发令人、受令人、操作人员（包括监护人）均应具备相同资质。《安规》(配电部分)：5.2.4.4（　）

答案：错误

124. 每份操作票只能用于一个操作任务。《安规》(配电部分)：5.2.5.1（　）

答案：正确

125. 工作班组的现场操作，在完成操作后应做好记录。《安规》(配电部分)：5.2.5.2（　）

答案：错误

126. 用计算机生成或打印的操作票应使用统一的票面格式。《安规》(配电部分)：5.2.5.4（　）

答案：正确

127. 操作票应用黑色或蓝色的钢(水)笔或圆珠笔逐项填写。操作票票面上的时间、地点、线路名称、杆号（位置)、设备双重名称、动词等关键字，若有个别错、漏字需要修改、补充时，应使用规范的符号，字迹应清楚。《安规》(配电部分)：5.2.5.4（　）

答案：错误

128．操作票应事先连续编号，计算机生成的操作票应在正式出票前连续编号，操作票按编号顺序使用。《安规》(配电部分)：5.2.5.5　（　）

答案：正确

129．作废的操作票应注明“作废”字样，未执行的操作票应注明“未执行”字样。《安规》(配电部分)：5.2.5.6　（　）

答案：正确

130．现场倒闸操作应执行唱票、复诵制度，宜全过程录音。《安规》(配电部分)：5.2.6.1　（　）

答案：正确

131．操作人应按操作票填写的顺序逐项操作，每操作完一项，应检查确认后做一个“√”记号，全部操作完毕后进行复查。复查确认后，受令人应立即汇报发令人。《安规》(配电部分)：5.2.6.2（　）

答案：正确

132．监护操作时，操作人在操作过程中不得有任何未经监护人同意的操作行为。《安规》(配电部分)：5.2.6.3　（　）

答案：正确

133．任何人不得解除闭锁装置。《安规》(配电部分)：5.2.6.4　（　）

答案：错误

134．配电设备操作后无法看到设备实际位置时，应通过间接方法来判断设备位置。判断时，至少应有两个非同样原理或非同源的指示发生对应变化，且所有这些确定的指示均已同时发生对应变化，方可确认该设备已操作到位。《安规》(配电部分)：5.2.6.7　（　）

答案：正确

135．解锁工具（钥匙）应封存保管，禁止使用解锁工具（钥匙）解锁。《安规》(配电部分)：5.2.6.8　（　）

答案：错误

136. 解锁工具（钥匙）使用后应及时封存并做好记录。《安规》(配电部分): 5.2.6.8 （　）

答案：正确

137. 操作没有机械传动的断路器（开关）、隔离开关（刀闸）或跌落式熔断器，应使用绝缘棒。《安规》(配电部分): 5.2.6.10 （　）

答案：正确

138. 单人操作时，禁止登高或登杆操作。《安规》(配电部分): 5.2.6.13 （　）

答案：正确

139. 配电线路和设备停电后，在未拉开有关隔离开关(刀闸)和做好安全措施前，不得触及线路和设备或进入遮栏（围栏），以防突然来电。《安规》(配电部分): 5.2.6.14 （　）

答案：正确

140. 拉跌落式熔断器、隔离开关（刀闸），应先拉开两边相，后拉开中相。合跌落式熔断器、隔离开关（刀闸）的顺序与此相反。《安规》(配电部分): 5.2.8.3 （　）

答案：错误

141. 操作柱上充油断路器（开关）或与柱上充油设备同杆(塔）架设的断路器（开关）时，应防止充油设备爆炸伤人。《安规》(配电部分): 5.2.8.4 （　）

答案：正确

142. 更换配电变压器跌落式熔断器熔丝，应拉开低压侧开关(刀闸）和高压侧隔离开关（刀闸）或跌落式熔断器。《安规》(配电部分): 5.2.8.5 （　）

答案：正确

143. 操作人员接触低压金属配电箱(表箱)前应先验电。《安规》(配电部分): 5.2.9.1 （　）

答案：正确

144．有总断路器（开关）和分路断路器（开关）的回路停电，应先断开总路断路器（开关），后断开分断路器（开关）。送电操作顺序与此相反。《安规》（配电部分）：5.2.9.2 （ ）

答案：错误

145．有断路器（开关）和插拔式熔断器的回路停电，应先断开断路器（开关），并在负荷侧A相验明确无电压后，方可取下熔断器。《安规》（配电部分）：5.2.9.4 （ ）

答案：错误

146．砍剪树木应有人监护。《安规》（配电部分）：5.3.1（ ）

答案：正确

147．待砍剪的树木下方和倒树范围内不得有人逗留。《安规》（配电部分）：5.3.3 （ ）

答案：正确

148．砍剪山坡树木应做好防止树木向下弹跳接近线路的措施。《安规》（配电部分）：5.3.5 （ ）

答案：正确

149．砍剪树木时，应防止马蜂等昆虫或动物伤人。《安规》（配电部分）：5.3.6 （ ）

答案：正确

150．风力超过 5 级时，禁止砍剪高出或接近带电线路的树木。《安规》（配电部分）：5.3.8 （ ）

答案：正确

151．使用油锯和电锯的作业时，应先检查所能锯到的范围内有马蜂窝，以防马蜂飞出伤人。《安规》（配电部分）：5.3.9（ ）

答案：错误

152．在超过 2.0m 深的基坑内作业时，向坑外抛掷土石应防止土石回落坑内，并做好防止土层塌方的临边防护措施。《安规》（配电部分）：6.1.3 （ ）

答案：错误

153．在土质松软处挖坑，应有防止塌方措施，如加挡板、撑木等。《安规》（配电部分）：6.1.4　（　）

答案：正确

154．杆塔基础附近开挖时，应在开工前检查杆塔稳定性。若开挖影响杆塔的稳定性时，应在开挖的反方向加装临时拉线，开挖基坑完毕后拆除临时拉线。《安规》（配电部分）：6.1.8　（　）

答案：错误

155．变压器台架的木杆打帮桩时，相邻两杆不得同时挖坑。《安规》（配电部分）：6.1.9　（　）

答案：正确

156．承力杆打帮桩挖坑时，应采取防止倒杆的措施。使用铁钎时，应注意上方导线。《安规》（配电部分）：6.1.9　（　）

答案：正确

157．攀登有覆冰、积雪、积霜、雨水的杆塔时，应采取防滑措施。《安规》（配电部分）：6.2.1　（　）

答案：正确

158．杆塔上下无法避免垂直交叉作业时，应做好防落物伤人的措施，作业时要相互照应，密切配合。《安规》（配电部分）：6.2.3　（　）

答案：正确

159．在杆塔上使用梯子或临时工作平台，应将两端与固定物可靠连接，一般应由两人在其上作业。《安规》（配电部分）：6.2.4　（　）

答案：错误

160．雷电时，禁止在线路杆塔上作业。《安规》（配电部分）：6.2.5　（　）

答案：正确

161．居民区和交通道路附近立、撤杆，应设警戒范围或警告标志，并派人看守。《安规》（配电部分）：6.3.2　（　）

答案：正确

162．立、撤杆时，除指定人员外，禁止基坑内有其他无关人员。《安规》（配电部分）：6.3.3　（　）

答案：错误

163．顶杆及叉杆只能用于竖立10m以下的拔梢杆。《安规》（配电部分）：6.3.4　（　）

答案：错误

164．杆塔施工过程需要采用临时拉线过夜时，应对临时拉线采取加固和防盗措施。《安规》（配电部分）：6.3.6　（　）

答案：正确

165．使用吊车撤杆时，应先检查有无卡盘或障碍物并试拔。《安规》（配电部分）：6.3.8　（　）

答案：正确

166．使用固定式抱杆立、撤杆，抱杆基础应平整坚实，缆风绳应分布合理、受力均匀。《安规》（配电部分）：6.3.10　（　）

答案：正确

167．整体立、撤杆塔前，应全面检查各受力、联结部位情况，全部满足要求方可起吊。《安规》（配电部分）：6.3.11　（　）

答案：正确

168．在10kV带电设备附近立、撤杆塔，杆塔、拉线、临时拉线、起重设备、起重绳索应与带电设备保持的最小安全距离为1m。《安规》（配电部分）：6.3.12　（　）

答案：错误

169．已经立起的杆塔，可撤去拉绳及叉杆。《安规》（配电部分）：6.3.13　（　）

答案：错误

170．不得随意拆除未采取补强措施的受力构件。《安规》（配电部分）：6.3.14　（　）

答案：正确

171．杆塔上有人时，可以调整但禁止拆除拉线。《安规》（配电部分）：6.3.14（　）

答案：错误

172．工作前应检查确认放线、紧线与撤线工具及设备符合要求。《安规》（配电部分）：6.4.3（　）

答案：正确

173．处理放线、紧线过程中卡、挂现象时操作人员应站在卡线处外侧，用手拉、推导线。《安规》（配电部分）：6.4.6（　）

答案：错误

174．放、撤导线应有人监护，注意与高压导线的安全距离，并采取措施防止与低压带电线路接触。《安规》（配电部分）：6.4.8（　）

答案：正确

175．架空绝缘导线可视为绝缘设备，作业人员在做好相应的安全措施后可直接接触或接近。《安规》（配电部分）：6.5.1（　）

答案：错误

176．在停电检修作业中，开断或接入绝缘导线前，应做好防感应电的安全措施。《安规》（配电部分）：6.5.2（　）

答案：正确

177．邻近带电线路工作时，人体、导线、施工机具等与带电线路的距离如满足规程规定，作业地点的导线、绞车等牵引工具可不用接地。《安规》（配电部分）：6.6.4（　）

答案：错误

178．在带电线路上方进行交叉跨越档内松紧、降低或架设导线的检修及施工，应采取防止导线跳动或过牵引与带电线路接近至规程规定的安全距离的措施。《安规》（配电部分）：6.6.5（　）

答案：错误

179．与带电线路平行、邻近或交叉跨越的线路停电检修，经

核对停电检修线路的名称、杆号无误后，工作负责人方可宣布开始工作。《安规》(配电部分)：6.6.7　(　　)

答案：错误

180．线路双重称号指线路名称和编号。《安规》(配电部分)：6.7.1　(　　)

答案：错误

181．同杆（塔）架设多回线路中部分线路停电的工作，工作负责人在接受许可开始工作的命令前，应与工作许可人核对停电线路名称无误后，方可宣布开始工作。《安规》(配电部分)：6.7.2　(　　)

答案：错误

182．在有同杆（塔）架设的10（20）kV及以下线路带电情况下，应做好安全措施后再进行另一回线路的停电施工作业。《安规》(配电部分)：6.7.3　(　　)

答案：错误

183．在同杆（塔）架设的10（20）kV及以下线路带电情况下，当满足规程规定的安全距离的情况下，方可进行下层线路的登杆停电检修工作。《安规》(配电部分)：6.7.4　(　　)

答案：错误

184．作业人员登杆塔前应核对停电检修线路的识别标记和线路名称、杆号无误后，方可攀登。《安规》(配电部分)：6.7.5　(　　)

答案：正确

185．柱上变压器台架工作前，应检查确认台架与杆塔连接牢固、接地体完好。《安规》(配电部分)：7.1.1　(　　)

答案：正确

186．柱上变压器台架工作，人体与高压线路和跌落式熔断器上部带电部分应保持安全距离。《安规》(配电部分)：7.1.3 (　　)

答案：正确

187．变压器高压侧短路接地或采取绝缘遮蔽措施后，方可进入变压器室工作。《安规》（配电部分）：7.2.2 （ ）

答案：错误

188．配电站、开闭所的环网柜可以在低负荷的状态下更换熔断器。《安规》（配电部分）：7.3.1 （ ）

答案：错误

189．环网柜部分停电工作，若进线柜线路侧有电，进线柜应设遮栏，悬挂“止步，高压危险！”标示牌。《安规》（配电部分）：7.3.3 （ ）

答案：正确

190．在带电设备周围可以使用皮卷尺和线尺进行测量。《安规》（配电部分）：7.3.6 （ ）

答案：错误

191．在配电站的带电区域内或临近带电线路处，禁止使用金属梯子。《安规》（配电部分）：7.3.7 （ ）

答案：正确

192．计量、负控装置工作时，应有防止电流互感器二次侧开路、电压互感器二次侧短路和防止相间短路、相对地短路、电弧灼伤的措施。《安规》（配电部分）：7.4.1 （ ）

答案：正确

193．现场校验电流互感器、电压互感器应停电进行，试验时应有防止反送电、防止人员触电措施。《安规》（配电部分）：7.4.3 （ ）

答案：正确

194．低压电气带电工作应戴手套、护目镜，并保持对地绝缘。《安规》（配电部分）：8.1.1 （ ）

答案：正确

195．低压电气工作，应采取措施防止误入相邻间隔、误碰相邻带电部分。《安规》（配电部分）：8.1.4 （ ）

答案：正确

196．低压电气工作时，拆开的引线、断开的线头应采取胶布包裹等遮蔽措施。《安规》（配电部分）：8.1.5　（　）

答案：错误

第四章

国家电网公司电力安全工作规程（电网建设部分）

第一节 选 择 题

1．为贯彻执行“安全第一、（　　）、综合治理”的安全工作方针，坚持以人为本、安全发展，加强公司电网建设施工现场安全管理，落实安全责任，规范人员行为，保障施工作业安全，依据国家有关法律、法规，结合电网建设实际，制定本规程。《安规》（电网建设部分）：1.1

A．预备为主；B．预防为主；C．预备为辅；D．预防为辅。

答案：B

2．参建单位管理人员、（　　）应遵守并严格执行本规程。《安规》（电网建设部分）：1.2

A．现场施工人员；B．现场安全员；

C．现场监督人员；D．现场作业人员。

答案：D

3．任何人发现有违反本规程的情况，应立即（　　），经纠正后方可恢复作业。作业人员有权拒绝违章指挥和强令冒险作业；在发现直接危及人身、电网和设备安全的紧急情况时，有权停止作业。《安规》（电网建设部分）：1.3

A．停止；B．中止；C．制止；D．停下。

答案：C

4．在试验和推广新技术、（　　）、新设备、新材料的同时，应制定相应的安全技术措施，经本单位分管领导批准后执行。《安规》（电网建设部分）：1.4

A．新工程；B．新工艺；C．新手艺；D．新能力。

答案：B

5．参建单位可根据本规程的规定，结合本单位及工程的特点，编制专项（　　）或补充规定，经本单位分管领导批准后执行。《安规》（电网建设部分）：1.5

A．实施守则；B．规定；C．实施细则；D．规范。

答案：C

6．本规程适用于公司系统35kV及以上新（扩、改）建及公司所属单位承揽的公司系统以外的电网工程。（　　）以下电网工程及境外电网工程可参照执行。《安规》（电网建设部分）：1.6

A．220kV；B．110kV；C．35kV；D．10kV。

答案：C

7．相关的施工项目经理、（　　）、技术员、安全员、施工负责人、作业负责人、监理人员、特种作业人员、特种设备作业人员及其他作业人员应经安全培训合格并到岗到位。《安规》（电网建设部分）：2.1.1

A．项目总负责人；B．项目经理；

C．项目总工程师；D．项目副总工程师。

答案：C

8．（　　）方案编制完成并交底。《安规》（电网建设部分）：2.1.2

A．文明施工；B．安全施工；C．安全管理；D．安全监督。

答案：B

9．相关机械、（　　）应经检验合格，通过进场检查，安全防护设施及防护用品配置齐全、有效。《安规》（电网建设部分）：2.1.3

A．物品；B．器械；C．防护用品；D．工器具。

答案：D

10．有施工分包的，（　　）应与分包单位签订合同和安全协议，且劳务分包单位已与其被派遣劳务人员签订劳动合同。《安规》

（电网建设部分）：2.1.4

A．施工发包单位；B．承包单位；

C．施工单位；D．施工承包单位。

答案：D

11．开工前，应编制完成工程安全管理及（　　），识别评估施工安全风险，制定风险控制措施。《安规》（电网建设部分）：2.1.5

A．风险防控方案；B．防控方案；

C．风险控制方案；D．控制方案。

答案：C

12．作业人员应身体健康，无妨碍工作的病症，体格检查至少（　　）一次。《安规》（电网建设部分）：2.2.1

A．两年；B．一年；C．半年；D．三个月。

答案：A

13．作业人员应经相应的安全生产教育和岗位技能培训、（　　），掌握本岗位所需的安全生产知识、安全作业技能和紧急救护法。《安规》（电网建设部分）：2.2.2

A．成绩及格；B．成绩优秀；

C．考试合格；D．成绩良好。

答案：C

14．作业人员应接受本规程培训，按工作性质掌握相应内容并经考试合格，每年至少考试（　　）。《安规》（电网建设部分）：2.2.3

A．2 次；B．1 次；C．3 次；D．4 次。

答案：B

15．特种作业人员、（　　）应按照国家有关规定，取得相应资格，并按期复审，定期体检。《安规》（电网建设部分）：2.2.4

A．特种设备施工人员；B．特种设备运维人员；

C．特种材料施工人员；D．特种设备作业人员。

答案：D

16．进入现场的其他人员（　　）等应经过安全生产知识教育后，方可进入现场参加指定的工作，并且不得单独工作。《安规》（电网建设部分）：2.2.5

A．工作人员；B．供应商、实习人员；

C．供应商；D．实习人员。

答案：B

17．涉及新技术、（　　）、新设备、新材料的项目人员，应进行专门的安全生产教育和培训。《安规》（电网建设部分）：2.2.6

A．新工程；B．新手艺；C．新工艺；D．新材料。

答案：C

18．作业人员应被告知其作业现场和（　　）存在的危险因素、防范措施及事故应急措施。《安规》（电网建设部分）：2.2.7

A．工作环境；B．工作岗位；C．工作场所；D．工作范围。

答案：B

19．作业人员应严格遵守现场安全作业规章制度和作业规程，服从管理，正确使用（　　）和个人安全防护用品。《安规》（电网建设部分）：2.2.8

A．工器具；B．安全工器具；

C．一般防护用品；D．特殊防护用品。

答案：B

20．发现安全隐患应妥善处理或向上级报告；发现直接危及人身、电网和设备安全的紧急情况时，应立即（　　）作业或在采取必要的应急措施后撤离危险区域。《安规》（电网建设部分）：2.2.9

A．中止；B．停止；C．停下；D．继续。

答案：B

21．施工分包应依据（　　）的约定，或经业主批准。《安规》（电网建设部分）：2.3.1

A．施工分包合同；B．施工承包合同；

C．总承包合同；D．劳务分包合同。

答案：B

22．分包单位资质应符合（　　）相关要求，不得超越资质范围承揽工程。《安规》（电网建设部分）：2.3.2

A．省、行业；B．省、产业；

C．国家、产业；D．国家、行业。

答案：D

23．应同时签订分包合同及（　　）。《安规》（电网建设部分）：2.3.3

A．用户协议；B．产权协议；C．责任书；D．安全协议。

答案：D

24．专业分包单位的施工机械、工器具等应经承包单位和监理入场检查合格，（　　），现场人员应经验证。《安规》（电网建设部分）：2.3.4

A．才能进场；B．方可进场；C．方可退场；D．才能退场。

答案：B

25．专业分包单位应开展安全教育培训，应提前将参与施工的所有人员培训考核情况书面提交（　　）审核认可，或经承包单位复训考核。《安规》（电网建设部分）：2.3.5

A．发包单位；B．分包单位；C．承包单位；D．所在单位。

答案：C

26．专业分包工程的重要临时设施、（　　）、特殊作业、危险作业项目以及危险性较大的分部分项工程作业时，承包单位应派人监督。《安规》（电网建设部分）：2.3.6

A．重要施工程序；B．一般施工工序；

C．重要施工工序；D．一般施工程序。

答案：C

27．劳务分包人员安全教育培训纳入承包单位（　　）。《安

规》（电网建设部分）：2.3.7

A．统一负责；B．统一管控；C．统一安排；D．统一管理。

答案：D

28．劳务分包人员不得独立承担重要临时设施、（　　）、特殊作业、危险作业以及危险性较大的分部分项工程施工。《安规》（电网建设部分）：2.3.8

A．重要施工程序；B．重要施工工序；

C．一般施工程序；D．一般施工工序。

答案：B

29．安全施工方案包括（　　）、施工方案的安全技术管理内容及专项安全施工方案。《安规》（电网建设部分）：2.4.1.1

A．安全责任书；B．作业指导书；

C．安全指导书；D．作业责任书。

答案：B

30．重要临时设施、（　　）、特殊作业、危险作业应编制专项安全施工方案。《安规》（电网建设部分）：2.4.1.2

A．一般施工程序；B．一般施工工序；

C．重要施工程序；D．重要施工工序。

答案：D

31．危险性较大的分部分项工程，应编制（　　），并附安全验算结果。《安规》（电网建设部分）：2.4.1.3

A．一般安全施工方案；B．专项安全施工方案；

C．安全文明施工方案；D．专项文明施工方案。

答案：B

32．超过一定规模的危险性较大的分部分项工程，编制的专项安全施工方案应经专家论证、（　　）。《安规》（电网建设部分）：2.4.1.4

A．审核；B．审计；C．审查；D．审问。

答案：C

33．作业指导书应由施工单位组织（　　）并发布。《安规》（电网建设部分）：2.4.2.1

A．草拟；B．编制；C．编写；D．撰写。

答案：B

34．在屋顶及其他危险的边沿进行作业，临空面应装设（　　）或防护栏杆，施工作业人员应使用安全带。《安规》（电网建设部分）：4.1.24

A．安全网；B．防护网；C．围栏；D．防护措施。

答案：A

35．高处作业人员不得坐在平台、孔洞边缘，不得骑坐在栏杆上，不得站在（　　）外作业或凭借栏杆起吊物件。《安规》（电网建设部分）：4.1.25

A．栏杆；B．护栏；C．栅栏；D．安全网。

答案：A

36．专项安全施工方案应由项目部技术负责人组织编制，并经施工单位技术、（　　）、安全等管理部门审核，施工单位技术负责人批准。《安规》（电网建设部分）：2.4.2.3

A．质检；B．检查；C．质量；D．运维。

答案：C

37．专业分包单位编制的作业指导书或（　　）施工方案应经施工承包单位审核。《安规》（电网建设部分）：2.4.2.4

A．安全；B．专项安全；C．专项；D．专业。

答案：B

38．交底应由（　　）负责完成。《安规》（变电部分）：2.4.2.5

A．编制人；B．编写人；C．负责人；D．工作票签发人。

答案：A

39．安全施工方案如需变更，应（　　），并组织交底。《安规》（变电部分）：2.4.3

A．重新履行审核手续；B．重新履行审批手续；C．履行审核手续；D. 履行审批手续。

答案：B

40. 保证作业现场安全的组织措施包括：作业间断、（　　）、终结。《安规》（电网建设部分）：2.5.1

A. 转换；B. 转移；C. 移动；D. 更换。

答案：B

41.（　　）或作业负责人在作业前应组织开展作业风险动态评估，确定作业风险等级。《安规》（电网建设部分）：2.5.2.1

A. 作业票签发人；B. 作业票负责人；

C. 作业票发放人；D. 作业票编写人。

答案：A

42. 作业前，应通过改善人、（　　）、法、环等要素，降低施工作业风险。作业中，采取组织、技术、安全和防护等措施控制风险。《安规》（电网建设部分）：2.5.2.2

A. 机、料；B. 机；C. 料；D. 材。

答案：A

43. 当作业风险因素发生变化时，应重新进行（　　）。《安规》（电网建设部分）：2.5.2.3

A. 风险动态评价；B. 安全动态评估；

C. 风险动态评估；D. 安全动态评价。

答案：C

44. 风险动态评估中，对固有或动态评估风险等级为三级及以上的作业，应组织作业现场勘察，并填写现场勘察记录，现场勘察应满足下列要求：现场勘察应察看施工作业现场周边有无影响作业的建构筑物、（　　）、邻近设备、交叉跨越及地形、地质、气象等作业现场条件以及其他影响作业的风险因素，并提出安全措施和注意事项。《安规》（电网建设部分）：2.5.2.4

A. 地上管线；B. 地下管线；C. 地下埋管；D. 电缆走线。

答案：B

45．四级及以上风险作业项目应发布（　　）。《安规》（电网建设部分）：2.5.2.5

A．风险预报；B．风险预估；C．风险预警；D．风险预测。

答案：C

46．施工项目部应进行现场勘察，编写安全施工方案，并将（　　）提交运维单位备案。《安规》（电网建设部分）：2.5.2.6

A．文明施工方案；B．安全施工方案；

C．文明工作方案；D．安全工作方案。

答案：B

47．选用施工作业前，二级及以下风险的施工作业填写输变电工程安全施工作业票 A，　三级及以上风险的施工作业填写（　　）作业票 B。《安规》（电网建设部分）：2.5.3.1

A．输变电工程安全施工；B．配电工程安全施工；

C．输电工程安全施工；D．输配电工程安全施工。

答案：A

48．作业票由作业负责人填写，（　　）、技术人员审核，作业票 A 由施工队长签发，作业票 B 由施工项目经理签发。一张作业票中，作业负责人、签发人不得为同一人。《安规》（电网建设部分）：2.5.3.2.1

A．审计；B．签发；C．安全；D．设计。

答案：C

49．电缆盘运输前应做好电缆盘的检查工作，确保电缆盘和（　　）完好方可进行运输。《安规》（电网建设部分）：12.2.1

A．电缆护罩；B．电缆绝缘；C．电缆端头；D．电缆末端。

答案：C

50．作业票采用手工方式填写时，应用黑色或蓝色的钢笔或水笔填写和签发。作业票上的时间、（　　）、主要内容、主要风险等关键字不得涂改。《安规》（电网建设部分）：2.5.3.2.2

A．工作场所；B．工作方式；

C．工作地点；D．工作安排。

答案：C

51．用计算机生成或打印的作业票应使用统一的票面格式，由（ ）审核，手工或电子签发后方可执行。《安规》（电网建设部分）：2.5.3.2.3

A．负责人；B．施工队长；C．安全员；D．作业票签发人。

答案：D

52．作业票签发后，（ ）应按照作业票要求，提前做好作业前的准备工作。《安规》（电网建设部分）：2.5.3.2.4

A．施工队长；B．安全员；C．作业负责人；D．作业票签发人。

答案：C

53．一个作业负责人同一时间只能使用（ ）作业票。《安规》（电网建设部分）：2.5.3.2.5

A．两张；B．一张；C．三张；D．四张。

答案：B

54.一张作业票可用于不同地点、（ ）、依次进行的施工作业。《安规》（电网建设部分）：2.5.3.2.6

A．同一形式；B．同一方式；C．同一类型；D．同一类别。

答案：C

55．若作业人员较多，可指定（ ），并单独进行安全交底。《安规》（电网建设部分）：2.5.3.2.7

A．工作票签发人；B．工作负责人；

C．安全员；D．专责监护人。

答案：D

56．已签发或批准的作业票应由（ ）收执，签发人宜留存备份。《安规》（电网建设部分）：2.5.3.2.8

A．工作票签发人；B．安全员；

C．作业负责人；D．专责监护人。

答案：C

57. 作业票有破损不能继续使用时，应补填（　　），并重新履行签发手续。《安规》（电网建设部分）：2.5.3.2.9

A. 新的作业票；B. 工作票；C. 作业票；D. 新的工作票。

答案：A

58. 作业按规定需要（　　）工作票时，工作票应经签发、许可，与作业票同时使用。《安规》（电网建设部分）：2.5.3.2.10

A. 使用；B. 签发；C. 同时使用；D. 同时签发。

答案：C

59. 施工周期超过（　　）或一项施工作业工序已完成、重新开始同一类型其他地点的作业，应重新审查安全措施和交底。《安规》（电网建设部分）：2.5.3.3.1

A. 两个月；B. 四个月；C. 一个月；D. 三个月。

答案：C

60. 需要变更作业成员时，应经（　　）同意，在对新的作业人员进行安全交底并履行确认签字手续后，方可进行工作。《安规》（电网建设部分）：2.5.3.3.2

A. 工作票签发人；B. 安全员；

C. 作业负责人；D. 施工队长。

答案：C

61.（　　）若因故暂时离开工作现场时，应指定能胜任的人员临时代替，离开前应将工作交待清楚，并告知作业班成员。原工作负责人返回工作现场时，也应履行同样的交接手续。《安规》（电网建设部分）：2.5.3.3.3

A. 安全员；B. 施工队长；C. 工作票签发人；D. 作业负责人。

答案：D

62. 作业负责人允许变更一次，并经（　　）同意；变更后原、现作业负责人应对工作任务和安全措施进行交接，并告知全部作业人员。《安规》（电网建设部分）：2.5.3.3.4

A．安全员；B．施工人员；C．签发人；D．作业负责人。

答案：C

63．变更作业负责人或增加作业任务，若作业票签发人无法当面办理，应通过电话联系，并在作业票备注栏内注明（　　）姓名和时间。《安规》（电网建设部分）：2.5.3.3.5

A．需要变更作业票签发人；B．需要变更安全员；

C．需要变更专责监护人；D．需要变更作业负责人。

答案：D

64．作业现场风险等级等条件发生变化，应（　　），重新办理作业票。《安规》（电网建设部分）：2.5.3.3.6

A．完善设施；B．完善措施；C．调试设施；D．充实措施。

答案：B

65．作业票签发人是负责该项作业的安全责任人，由（　　）或项目经理担任，名单经其单位考核、批准并公布。《安规》（电网建设部分）：2.5.3.4.1

A．施工队员；B．安全员；C．专责监护人；D．施工队长。

答案：D

66．作业票审核人应由熟悉人员技术水平、（　　）和流程、设备情况及本规程，并具有相关工作经验的工程安全技术人员担任，名单经其单位考核、批准并公布。《安规》（电网建设部分）：2.5.3.4.2

A．现场作业方式；B．现场作业形式；

C．现场作业环境；D．现场作业工程量。

答案：C

67．作业负责人应由（　　）、熟悉现场作业环境和流程、工作范围的人员担任，名单经施工项目部考核、批准并公布。《安规》（电网建设部分）：2.5.3.4.3

A．有工作经验；B．有专业工作经验；

C．有专业经验；D．从事过相关工作。

答案：B

68．专责监护人应由具有相关专业工作经验，（　　）和本规程的人员担任。《安规》（电网建设部分）：2.5.3.4.4

A．熟悉工作流程；B．熟悉工作环境；

C．熟悉现场作业情况；D．熟悉工作方式。

答案：C

69．专业分包单位的作业票签发人、（　　）、作业负责人的名单经分包单位批准公布后报承包单位备案。《安规》（电网建设部分）：2.5.3.4.5

A．作业票审核人；B．作业票核对人；

C．作业票签收人；D．作业票核准人。

答案：A

70．作业票签发人：确认所派作业负责人和作业人员（　　）、充足。《安规》（电网建设部分）：2.5.3.5.1

A．适合；B．适当；C．适中；D．适应。

答案：B

71．作业票审核人：审核作业（　　）及危险点控制措施是否正确、完备。《安规》（电网建设部分）：2.5.3.5.2

A．安全举措；B．安全措施；C．文明举措；D．文明措施。

答案：B

72．作业负责人（监护人）：检查作业票所列安全措施是否正确完备，是否符合（　　），必要时予以补充完善。《安规》（电网建设部分）：2.5.3.5.3

A．现场真实条件；B．真实条件；

C．现场实际条件；D．实际条件。

答案：C

73．专责监护人：检查作业场所的安全文明施工状况，督促问题整改，监督被监护人员遵守本规程和执行现场安全措施，及时纠正（　　）的不安全行为。《安规》（电网建设部分）：2.5.3.5.4

A．被监护人员；B．监护人员；

C．被监督人员；D．监督人员。

答案：A

74．作业人员：服从作业负责人、（　　）的指挥，严格遵守本规程和劳动纪律，在指定的作业范围内工作，对自己在工作中的行为负责，互相关心工作安全。《安规》（电网建设部分）：2.5.3.5.5

A．一般监护人；B．专责监护人；

C．施工队长；D．施工队员。

答案：B

75．监理：负责作业过程中的（　　）、监督。《安规》（电网建设部分）：2.5.3.5.6

A．巡查；B．巡检；C．巡视；D．监管。

答案：C

76．业主项目部经理：审查四级及以上风险控制措施的有效性，并进行全过程监督。必要时协调解决现场存在的（　　）和隐患。《安规》（电网建设部分）：2.5.3.5.7

A．安全问题；B．安全风险；C．安全管控；D．安全措施。

答案：B

77．作业票签发后，作业负责人应向全体作业人员交待作业任务、（　　）、安全措施和注意事项，告知风险因素，并履行签名确认手续后，方可下达开始作业的命令；作业负责人、专责监护人应始终在工作现场。其中作业票 B 由监理人员现场确认安全措施，并履行签名许可手续。《安规》（电网建设部分）：2.5.4.1

A．作业地点；B．作业分工；C．作业人员；D．作业形式。

答案：B

78．多日作业，作业负责人应坚持每天检查、（　　）安全措施，告知作业人员安全注意事项，方可开工。《安规》（电网建设部分）：2.5.4.2

A．确定；B．确认；C．明确；D．保证。

答案：B

79．作业负责人在作业过程中监督作业人员遵守本规程和执行现场安全措施，及时纠正（　　）行为。《安规》（电网建设部分）：2.5.5.1

A．不安全；B．不文明；C．不规范；D．不合理。

答案：A

80．应根据现场安全条件、（　　）和作业需要，增设专责监护人，并明确其监护内容。《安规》（电网建设部分）：2.5.5.2

A．施工人员；B．施工方式；C．施工范围；D．施工地点。

答案：C

81．专责监护人不得兼做其他工作，临时离开时，应通知作业人员停止作业或（　　）作业现场。《安规》（电网建设部分）：2.5.5.3

A．远离；B．进入；C．保持在；D．离开。

答案：D

82．遇雷、雨、（　　）等情况威胁到人员、设备安全时，作业负责人或专责监护人应下令停止作业。《安规》（电网建设部分）：2.5.6.1

A．冰雹；B．大风；C．闪电；D．毛毛雨。

答案：B

83．每天收工或作业间断，作业人员离开作业地点前，应做好安全防护措施，必要时（　　），防止人、畜接近挖好的基坑等危险场所，恢复作业前应检查确认安全保护措施完好。《安规》（电网建设部分）：2.5.6.2

A．派人值班；B．派人看守；C．派人值守；D．派人留下。

答案：B

84．使用同一张作业票依次在不同作业地点转移作业时，应重新识别评估风险，完善（　　），重新交底。《安规》（电网建设部分）：2.5.6.3

A．文明措施；B．安全措施；C．文明举措；D．安全举措。

答案：B

85．作业完成后，应清扫整理作业现场，作业负责人应检查作业地点状况，落实现场（　　），并向作业票签发人汇报。《安规》（电网建设部分）：2.5.6.4

A．安全防护措施；B．安全文明措施；

C．防护措施；D．文明措施。

答案：A

86．作业票应（　　）至工程项目竣工。《安规》（电网建设部分）：2.5.6.5

A．保留；B．保存；C．保管；D．保护。

答案：B

87．施工总平面布置应符合国家消防、（　　）、职业健康等有关规定。《安规》（电网建设部分）：3.1.1

A．文明施工；B．安全监察；C．环境保护；D．运行维护。

答案：C

88．施工现场的排水设施应（　　）（含设计、施工要求）。《安规》（电网建设部分）：3.1.2

A．全面安排；B．全面规范；C．全面规划；D．全面保持。

答案：C

89．进入施工现场的人员应正确佩戴安全帽，根据作业工种或场所需要选配个体防护装备。禁止施工作业人员穿拖鞋、凉鞋、高跟鞋，以及（　　）等进入施工现场。禁止酒后进入施工现场。与施工无关的人员未经允许不得进入施工现场。《安规》（电网建设部分）：3.1.3

A．短裤；B．短裤、裙子；C．裙子；D．拖鞋。

答案：B

90．施工现场敷设的力能管线不得随意切割或移动。如需（　　），应事先办理审批手续。《安规》（电网建设部分）：3.1.4

A．切割；B．切割或移动；C．移动；D．转移。

答案：B

91．施工现场应按规定配置和使用施工安全设施。设置的各种安全设施不得擅自拆、挪或移作他用。如确因施工需要，应征得该设施（　　）同意，并办理相关手续，采取相应的临时安全措施，事后应及时恢复。《安规》（电网建设部分）：3.1.5

A．运行单位；B．管理单位；C．管控单位；D．维护单位。

答案：B

92．施工现场及周围的悬崖、（　　）、高压带电区等危险场所均应设可靠的防护设施及安全标志；坑、沟、孔洞等均应铺设符合安全要求的盖板或设可靠的围栏、挡板及安全标志。危险场所夜间应设警示灯。《安规》（电网建设部分）：3.1.6

A．陡坎；B．陡坎、深坑；C．深坑；D．桥。

答案：B

93．施工现场应编制应急现场处置方案，配备应急（　　）和器材等，施工车辆宜配备医药箱，并定期检查其有效期限，及时更换补充。《安规》（电网建设部分）：3.1.7

A．药品；B．医疗用品；C．绑带；D．创可贴。

答案：B

94．施工现场的道路应坚实、平坦，车道宽度和转弯半径应结合线路施工现场道路或变电站进站和站内道路设计，并兼顾施工和大件设备运输要求。线路施工便道应保持畅通、（　　）、可靠。《安规》（电网建设部分）：3.2.1

A．无阻；B．宽阔；C．安全；D．宽敞。

答案：C

95．现场道路不得任意挖掘或截断，确需开挖时，应事先征得现场（　　）的同意并限期修复。开挖期间应采取铺设过道板或架设便桥等保证安全通行的措施。《安规》（电网建设部分）：3.2.2

A．工作人员；B．施工队长；C．负责人；D．专责监护人。

答案：C

96．现场道路跨越沟槽时应搭设牢固的便桥，经验收合格后方可使用。人行便桥的宽度不得小于1m，手推车便桥的宽度不得小于1.5m，汽车便桥的宽度不得小于（　　）。便桥的两侧应设有可靠的栏杆，并设置安全警示标志。《安规》（电网建设部分）：3.2.3

A．3m；B．3.5m；C．4m；D．4.5m。

答案：B

97．现场的机动车辆应限速行驶，行驶速度一般不得超过15km/h；机动车在特殊地点、路段或遇到特殊情况时的行驶速度不得超（　　）；并应在显著位置设置限速标志。《安规》（电网建设部分）：3.2.4

A．4km/h；B．5km/h；C．6km/h；D．7km/h。

答案：B

98．机动车辆行驶沿途应设交通指示标志，危险区段应设"危险"或"（　　）"等安全标志，夜间应设警示灯。场地狭小、运输繁忙的地点应设临时交通指挥。《安规》（电网建设部分）：3.2.5

A．禁止前进；B．停止前进；C．禁止通行；D．停止通行。

答案：C

99．施工现场使用的办公用房、（　　）、围挡等临时建筑物的设计、安装、验收、使用与维护、拆除与回收按JGJ/T 188《施工现场临时建筑物技术规范》的有关规定执行。《安规》（电网建设部分）：3.3.1

A．围墙；B．围栏；C．生活用房；D．彩钢房。

答案：C

100．临时建筑物工程竣工后应经（　　）方可使用。《安规》（电网建设部分）：3.3.2

A．检查合格；B．验收合格；C．验收合规；D．验收顺利。

答案：B

101．临时建筑物应根据当地气候条件，采取抵御（　　）等自然灾害的措施，使用过程中应定期进行检查维护。《安规》（电网建设部分）：3.3.3

A．泥石流；B．风、雪、雨、雷电；

C．山体滑坡；D．龙卷风。

答案：B

102．施工用金属房电源箱应装设在房（　　）。《安规》（电网建设部分）：3.3.4.2

A．外；B．内；C．里；D．中。

答案：A

103．金属房外壳（皮）应（　　）。《安规》（电网建设部分）：3.3.4.1

A．绝缘；B．可靠接地；C．接地；D．通电。

答案：B

104．电源箱应装设在房外，箱内应装配有电源开关、剩余电流动作保护装置、（　　）、熔断器，进房线孔应加防磨线措施。《安规》（电网建设部分）：3.3.4.2

A．电容器；B．漏电保护器；C．断路器；D．隔离开关。

答案：B

105．房内配线应采用橡胶线且用瓷件固定。照明用灯采用（　　）。《安规》（电网建设部分）：3.3.4.3

A．普通灯泡；B．日光灯；C．防水瓷灯具；D．led节能灯。

答案：C

106．房内需动力电源的，动力电与照明用电应分别装设熔断器和剩余电流动作保护装置（　　）。《安规》（电网建设部分）：3.3.4.4

A．断路器；B．隔离开关；C．漏电保护器；D．电容器。

答案：C

107．房内配电设备前端地面应铺设（　　）。《安规》（电网

建设部分）：3.3.4.5

A．绝缘硅胶板；B．橡胶板；C．绝缘橡胶板；D．硅胶板。

答案：C

108．金属房的出入口门外应铺设（　　）。《安规》（电网建设部分）：3.3.4.6

A．绝缘硅胶板；B．硅胶板；C．绝缘橡胶板；D．橡胶板。

答案：C

109．材料、设备应按施工总平面布置规定的地点进行定置化管理，并符合消防及搬运的要求。堆放场地应平坦、（　　），地基应坚实。应设置支垫，并做好防潮、防火措施。《安规》（电网建设部分）：3.4.1

A．不积水；B．光滑；C．不积灰；D．粗糙。

答案：A

110．横梁就位时，构架上的施工作业人员不得站在节点顶上；横梁就位后，应（　　）。二次浇灌混凝土未达到规定的强度时，不得拆除临时拉线。《安规》（电网建设部分）：6.9.3.8

A．及时固定；B．及时安装；C．及时包装；D．及时处理。

答案：A

111．材料、设备放置在围栏或建筑物的墙壁附近时，应留有（　　）以上的间距。《安规》（电网建设部分）：3.4.2

A．0.4m；B．0.5m；C．0.6m；D．0.7m。

答案：B

112．各类抱杆、（　　）脚手杆（管）、脚手板、紧固件等受力工器具以及防护用具等均应存放在干燥、通风处，并符合防腐、防火等要求。工程开工或间歇性复工前应进行检查，合格方可使用。《安规》（电网建设部分）：3.4.3

A．钢丝绳；B．跨越架；C．钢丝绳、跨越架；D．脚手架。

答案：C

113．易燃材料、（　　）的堆放场所与建筑物及动火作业区

的距离应符合本规程的有关规定。《安规》（电网建设部分）：3.4.4

A．材料；B．废料；C．剩料；D．物品。

答案：B

114．易燃、易爆及有毒有害物品等应分别存放在与普通仓库隔离的危险品仓库内，危险品仓库的库门应（　　），按有关规定严格管理。汽油、酒精、油漆及稀释剂等挥发性易燃材料应密封存放，配消防器材，悬挂相应安全标志。《安规》（电网建设部分）：3.4.5

A．向内开；B．向外开；C．关闭；D．打开。

答案：B

115．器材堆放应遵守下列规定：器材距铁路轨道最小距离不得小于（　　）。《安规》（电网建设部分）：3.4.6

A．1.5m；B．2m；C．2.5m；D．3m。

答案：C

116．电气设备的保管与堆放应符合下列要求：瓷质材料拆箱后，应单层排列整齐，（　　），并采取防碰措施。《安规》（电网建设部分）：3.4.7

A．不得叠放；B．叠放；C．不得堆放；D．堆放。

答案：C

117．施工用电方案应编入项目管理实施规划或（　　），其布设要求应符合国家行业有关规定。《安规》（电网建设部分）：3.5.1.1

A．编制安全方案；B．编制专项方案；

C．编制施工方案；D．编制安全文明施工方案。

答案：B

118．施工用电设施应按批准的方案进行施工，竣工后应经验收（　　）方可投入使用。《安规》（电网建设部分）：3.5.1.2

A．及格；B．优秀；C．合格；D．良好。

答案：C

119．施工用电设施安装、运行、维护应由专业电工负责，并

应建立安装、（　　）拆除作业记录台账。《安规》（电网建设部分）：3.5.1.3

A．运行；B．维护；C．运行、维护；D．检查。

答案：C

120．施工用电工程应定期检查，对安全隐患应（　　），并履行复查验收手续。《安规》（电网建设部分）：3.5.1.4

A．及时清理；B．及时处理；C．及时排查；D．及时检查。

答案：B

121．施工用电工程的 380V/220V 低压系统，应采用三级配电、二级剩余电流动作保护系统（　　），末端应装剩余电流动作保护装置（漏电保护器）；专用变压器中性点直接接地的低压系统宜采用 TN−S 接零保护系统。《安规》（电网建设部分）：3.5.1.5

A．接零保护系统；B．控制保护系统；

C．漏电保护系统；D．故障录波系统。

答案：C

122．10kV/400kVA 及以下的变压器宜采用支柱上安装，支柱上变压器的底部距地面的高度不得小于（　　）。组立后的支柱不应有倾斜、下沉及支柱基础积水等现象。《安规》（电网建设部分）：3.5.2.1

A．2m；B．2.5m；C．3m；D．3.5m。

答案：B

123．35kV 及 10kV/400kVA 以上的变压器如采用地面平台安装，装设变压器的平台应高出地面（　　），其四周应装设高度不低于 1.7m 的围栏。围栏与变压器外廓的距离：10kV 及以下应不小于 1m，35kV 应不小于 1.2m，并应在围栏各侧的明显部位悬挂“止步、高压危险！”的安全标志。《安规》（电网建设部分）：3.5.2.2

A．0.1m；B．0.2m；C．0.5m；D．1m。

答案：C

124．变压器中性点及外壳接地应接触良好，连接牢固可靠，工作接地电阻不得大于4Ω。总容量为100kVA以下的系统，工作接地电阻不得大于10Ω。在土壤电阻率大于（　　）的地区，当达到上述接地电阻值有困难时，工作接地电阻不得大于30Ω。《安规》（电网建设部分）：3.5.2.3

A．500Ω·m；B．1000Ω·m；

C．2000Ω·m；D．5000Ω·m。

答案：B

125．构支架组立完成后，应及时将构支架进行接地。接地网未形成的施工现场，应增设（　　）。《安规》（电网建设部分）：6.9.3.9

A．接地极；B．临时接地装置；C．接地网；D．接地装置。

答案：B

126．变压器引线与电缆连接时，电缆及其终端头均不得与（　　）外壳直接接触。《安规》（电网建设部分）：3.5.2.4

A．电缆；B．变压器；C．架空线路；D．跌落式熔断器。

答案：B

127．采用箱式变电站供电时，其外壳应有可靠的保护接地，接地系统应符合产品技术要求，装有仪表和继电器的箱门应与（　　）可靠连接。《安规》（电网建设部分）：3.5.2.5

A．外壳；B．电容器；C．壳体；D．熔断器。

答案：C

128．箱式变电站安装完毕或（　　）投入运行前，应对其内部的电气设备进行检查，电气性能试验合格后方可投入运行。《安规》（电网建设部分）：3.5.2.6

A．检修前；B．检修后；C．检查后；D．检查前。

答案：B

129．发电机组禁止设在（　　）里。《安规》（电网建设部分）：3.5.3.1

A．基础；B．基坑；C．管道；D．土坑。

答案：B

130．发电机组应配置可用于（　　）的灭火器，禁止存放易燃易爆物品。《安规》（电网建设部分）：3.5.3.2

A．扑灭火灾；B．扑灭一般火灾；C．扑灭电气火灾；D．扑灭油引起的火灾。

答案：C

131．发电机组应采用电源中性点直接接地的（　　）供电系统，即 TN－S 接零保护系统，其工作接地电阻值应符合本规程的要求。《安规》（电网建设部分）：3.5.3.3

A．三相六线制；B．三相五线制；

C．三相四线制；D．三相三线制。

答案：B

132．发电机供电系统应设置可视断路器或电源隔离开关及（　　）、过载保护。电源隔离开关分断时应有明显可见分断点。《安规》（电网建设部分）：3.5.3.4

A．短路；B．断路；C．欠载；D．负载。

答案：A

133．配电系统应设置总配电箱、（　　）、末级配电箱，实行三级配电。配电箱应根据用电负荷状态装设短路、过载保护电器和剩余电流动作保护装置（漏电保护器），并定期检查和试验。《安规》（电网建设部分）：3.5.4.1

A．配电箱；B．配电柜；C．分配电箱；D．配电室。

答案：C

134．高压配电装置应装设（　　），隔离开关分断时应有明显断开点。《安规》（电网建设部分）：3.5.4.2

A．断路器；B．隔离开关；C．熔断器；D．电容器。

答案：B

135．低压配电箱的电器安装板上应分设（　　）。N 线端子板应与金属电器安装板绝缘；PE 线端子板应与金属电器安装板做电气连接。进出线中的 N 线应通过 N 线端子板连接；PE 线应通过 PE 线端子板连接。《安规》(电网建设部分)：3.5.2.3

A．N 线端子板和 PE 线端子板；B．N 线端子板；

C．PE 线端子板；D．零线端子板。

答案：A

136．配电箱设置地点应平整，不得被（　　），并应防止碰撞和被物体打击。配电箱内及附近不得堆放杂物。《安规》(电网建设部分)：3.5.4.4

A．火烤；B．水淹；C．土埋；D．水淹或土埋。

答案：D

137．配电箱应坚固，金属外壳接地或接零良好，其结构应具备防火、（　　）的功能，箱内的配线应采取相色配线且绝缘良好，导线进出配电柜或配电箱的线段应采取固定措施，导线端头制作规范，连接应牢固。操作部位不得有带电体裸露。《安规》(电网建设部分)：3.5.4.5

A．防电；B．防雨；C．防雾；D．防水。

答案：B

138．支架上装设的配电箱，应（　　）并便于操作和维修；引下线应穿管敷设并做防水弯。《安规》(电网建设部分)：3.5.4.6

A．固定；B．安装牢固；C．便于移动；D．便于取下。

答案：B

139．低压架空线路不得采用裸线，导线截面积不得小于 16mm，架设高度不得低于（　　）；交通要道及车辆通行处，架设高度不得低于 5m。《安规》(电网建设部分)：3.5.4.7

A．2m；B．2.5m；C．3m；D．4m。

答案：B

140．电缆线路应采用埋地或架空敷设，（　　），并应避免机械损伤和介质腐蚀。《安规》(电网建设部分)：3.5.4.8

A．应沿地面明设；B．禁止沿地面明设；

C．应沿地面敷设；D．禁止沿地面敷设。

答案：B

141．现场直埋电缆的走向应按施工总平面布置图的规定，沿主道路或固定建筑物等的边缘直线埋设，埋深不得小于（　　），并应在电缆紧邻四周均匀敷设不小于 50mm 厚的细砂，然后覆盖砖或混凝土板等硬质保护层；转弯处和大于等于 50m 直线段处，在地面上设明显的标志；通过道路时应采用保护套管。《安规》（电网建设部分）：3.5.4.9

A．0.7m；B．1m；C．1.2m；D．1.5m。

答案：A

142．电缆接头处应（　　）和防触电的措施。《安规》（电网建设部分）：3.5.4.10

A．无防污；B．无防水；C．有防污；D．有防水。

答案：D

143．低压电力电缆中应包含全部工作芯线和用作工作零线、（　　）的芯线。需要三相四线制配电的电缆线路应采用五芯电缆。五芯电缆应包含淡蓝、绿/黄两种颜色绝缘芯线。淡蓝色芯线用作工作零线（N 线）；绿/黄双色芯线用作保护零线（PE 线），禁止混用。《安规》（电网建设部分）：3.5.4.11

A．保护火线；B．保护地线；C．保护零线；D．保护导线。

答案：C

144．用电线路及电气设备的绝缘应良好，布线应整齐，设备的裸露带电部分应加防护措施。架空线路的路径应合理选择，避开（　　）以及易腐蚀场所。《安规》（电网建设部分）：3.5.4.12

A．易撞、易碰；B．易撞；C．易碰；D．易碎。

答案：A

145．用电设备的电源引线长度不得大于（　　），长度大于 5m 时，应设移动开关箱。移动开关箱至固定式配电箱之间的引线

长度不得大于 40m，且只能用绝缘护套软电缆。《安规》（电网建设部分）：3.5.4.13

A．2m；B．3m；C．4m；D．5m。

答案：D

146．电气设备不得超铭牌使用，隔离型电源总开关（　　）带负荷拉闸。《安规》（电网建设部分）：3.5.4.14

A．允许；B．禁止；C．需要；D．不准。

答案：B

147．开关和熔断器的容量应满足被保护设备的要求。闸刀开关应有（　　）。禁止用其他金属丝代替熔丝。《安规》（电网建设部分）：3.5.4.15

A．保护膜；B．保护套；C．保护壳；D．保护罩。

答案：D

148．熔丝熔断后，应查明原因，排除故障后方可更换。更换熔丝后应装好（　　）方可送电 。《安规》（电网建设部分）：3.5.4.16

A．保护膜；B．保护套；C．保护壳；D．保护罩。

答案：D

149．多路电源配电箱宜采用密封式；开关及熔断器应上口接电源，下口接负荷，（　　）；负荷应标明名称，单相开关应标明电压。《安规》（电网建设部分）：3.5.4.17

A．禁止接通；B．禁止接地；C．禁止倒接；D．禁止反接。

答案：C

150．不同电压等级的插座与插销应选用相应的结构，禁止用（　　）代替三相插座。单相插座应标明电压等级。《安规》（电网建设部分）：3.5.4.18

A．单相三孔插座；B．单相两孔插座；

C．三相三孔插座；D．三相两孔插座。

答案：A

151．禁止将电源线直接钩挂在闸刀上或（　　）内使用。《安

规》（电网建设部分）：3.5.4.19

A．插入插线板；B．直接插入插座；

C．不插入插座；D．不插入插线板。

答案：B

152．电动机械或电动工具应做到（　　）。移动式电动机械应使用绝缘护套软电缆。《安规》（电网建设部分）：3.5.4.20

A．“一机一保护”；B．“一机一闸一保护”；

C．“一闸一保护”；D．“一机一闸”。

答案：B

153．照明线路敷设应采用绝缘槽板、穿管或固定在绝缘子上，不得接近热源或直接绑挂在金属构件上；穿墙时应套绝缘套管，管、槽内的电源线不得有接头，并经常（　　）。《安规》（电网建设部分）：3.5.4.21

A．维护；B．检查、维修；C．检查；D．维修。

答案：B

154．照明灯具的悬挂高度不应低于（　　），并不得任意挪动，低于 2.5m 时应设保护罩。照明灯具开关应控制相线。《安规》（电网建设部分）：3.5.4.22

A．2m；B．2.5m；C．3m；D．3.5m。

答案：B

155．在光线不足的作业场所及（　　）的场所均应有足够的照明。《安规》（电网建设部分）：3.5.4.23

A．夜间作业；B．夜晚作业；C．夜间工作；D．夜晚工作。

答案：A

156．在有爆炸危险的场所及危险品仓库内，应采用防爆型电气设备，开关应装在室外。在散发大量蒸汽、（　　）的场所，应采用密闭型电气设备。在坑井、沟道、沉箱内及独立高层建筑物上，应备有独立的照明电源，并符合安全电压要求。《安规》（电网建设部分）：3.5.4.24

A．粉末；B．气体或粉尘；C．气体；D．粉尘。

答案：B

157．照明装置采用金属支架时，（　　），并采取接地或接零保护。《安规》（电网建设部分）：3.5.4.25

A．支架应固定；B．支架应稳定；

C．支架应稳固；D．支架应平稳。

答案：C

158．行灯的电压不得超过36V，潮湿场所、（　　）或管道内的行灯电压不得超过 12V。行灯应有保护罩，行灯电源线应使用绝缘护套软电缆。《安规》（电网建设部分）：3.54.26

A．容器；B．金属容器；C．塑料容器；D．绝缘容器。

答案：B

159．行灯照明变压器应使用（　　）安全隔离变压器，禁止使用自耦变压器。《安规》（电网建设部分）：3.5.4.27

A．单绕组型；B．双绕组型；C．三绕组型；D．多绕组型。

答案：B

160．电动机械及（　　）拆除后，不得留有可能带电的部分。《安规》（电网建设部分）：3.5.4.28

A．照明设备；B．照明灯；C．应急设备；D．应急灯。

答案：A

161．高压配电设备、线路和低压配电线路停电检修时，应装设临时接地线，并应悬挂（　　）或“禁止合闸、线路有人工作！”的安全标志牌。《安规》（电网建设部分）：3.5.4.29

A．“禁止合闸、有人工作！”；B．“合闸、有人工作！”；

C．“禁止合闸、无人工作！”；D．“合闸、无人工作！”。

答案：A

162．施工用电电源采用中性点直接接地的专用变压器供电时，其低压配电系统的接地型式宜采用 TN－S 接零保护系统。采用 TN－S 系统做保护接零时，工作零线（N 线）应通过剩余电流动作保护装置（漏电保护器），（　　）应由电源进线零线重复接地处或剩余电流动作保护装置（漏电保护器）电源侧零线处引出，即不通过剩余电流动作保护装置（漏电保护器）。保护零线（PE线）上禁止装设开关或熔断器，并且采取防止断线的措施。《安规》（电网建设部分）：3.5.5.1

A．保护零线（PE 线）；B．工作零线（N 线）；

C．火线；D．地线。

答案：A

163．当施工现场利用原有供电系统的电气设备时，应根据原系统要求做（　　）。同一供电系统不得一部分设备做保护接零，另一部分设备做保护接地。《安规》（电网建设部分）：3.5.5.2

A．保护接零；B．保护接地；

C．保护接零或保护接地；D．接地。

答案：C

164．保护零线（PE 线）应采用绝缘多股软铜绞线。电动机械与保护零线（PE 线）的连接线截面积一般不得小于相线截面积的 1/3 且不得小于（　　）；移动式或手提式电动机具与保护零线（PE 线）的连接线截面积一般不得小于相线截面积的 1/3 且不得小于 1.5mm。《安规》（电网建设部分）：3.5.5.3

A．2.5mm；B．3.5mm；C．4.5mm；D．5.5mm。

答案：A

165．电源线、（　　）、保护接地线应采用焊接、压接、螺栓连接或其他可靠方法连接。《安规》（电网建设部分）：3.5.5.4

A．裸导线；B．保护接零线；C．零线；D．地线。

答案：B

166．保护零线（PE 线）应在配电系统的始端、（　　）做重复接地。《安规》（电网建设部分）：3.5.5.5

A．1/3 处；B．中间和末端处；C．中间；D．末端。

答案：B

167．对地电压在127V及以上的下列电气设备及设施，均应装设接地或（　　）：发电机、电动机、电焊机及变压器的金属外壳。《安规》（电网建设部分）：3.5.5.6

A．接地保护；B．接零保护；C．保护；D．接地极。

答案：B

168．禁止利用易燃、（　　）作为接地装置的自然接地体。《安规》（电网建设部分）：3.5.5.7

A．易爆液体；B．易爆气体或液体管道；

C．易爆气体；D．液体管道。

答案：B

169．接地装置的敷设应符合GB 50194《建设工程施工现场供用电安全规范》的规定并应符合下列基本要求：人工接地体的顶面埋设深度不宜小于（　　）。《安规》（电网建设部分）：3.5.5.8

A．0.4m；B．0.5m；C．0.6m；D．0.7m。

答案：C

170．用电单位应建立施工（　　）责任制，明确各级用电安全责任人。《安规》（电网建设部分）：3.5.6.1

A．配电安全岗位；B．用电安全岗位；

C．输电安全岗位；D．变电安全岗位。

答案：B

171．用电安全负责人及施工作业人员应严格执行施工用电安全施工技术措施，（　　）。《安规》（电网建设部分）：3.5.6.2

A．熟悉施工现场发电系统；B．熟悉施工现场配电系统；

C．熟悉施工现场输电系统；D．熟悉施工现场变电系统。

答案：B

172．配电室和现场的配电柜或总配电箱、（　　）应配锁具。《安规》（电网建设部分）：3.5.6.3

A．配电室；B．配电柜；C．分配电箱；D．配电箱。

答案：C

173. 电气设备明显部位应设禁止靠近以防触电的（　　）。《安规》(电网建设部分)：3.5.6.4

A. 安全标记牌；B. 安全标志牌；

C. 安全标识牌；D. 安全目标牌。

答案：B

174. 施工用电设施应定期检查并记录。对用电设施的绝缘电阻及接地电阻应进行（　　）并记录。《安规》(电网建设部分)：3.5.6.5

A. 定期核对；B. 定期检测；C. 定期检查；D. 定期审查。

答案：B

175. 施工现场用电设备等应有专人进行（　　）。《安规》(电网建设部分)：3.5.6.6

A. 维修；B. 维护和管理；C. 维护；D. 管理。

答案：B

176. 每台用电设备应有各自专用的开关，禁止用同一个开关直接控制（　　）用电设备（含插座）。《安规》(电网建设部分)：3.5.6.7

A. 2台及以上；B. 3台及以上；

C. 4台及以上；D. 5台及以上。

答案：A

177. 末级配电箱中剩余电流动作保护装置（漏电保护器）的额定动作电流不应大于 30mA，（　　）。使用于潮湿或有腐蚀介质场所的剩余电流动作保护装置（漏电保护器）应采用防溅型产品，其额定动作电流不应大于15mA，额定动作时间不应大于0.1s。总配电箱中剩余电流动作保护装置（漏电保护器）的额定漏电动作电流应大于30mA，额定漏电动作时间应大于0.1s，但其额定漏电动作电流与额定漏电动作时间的乘积不应大于 30mA·s。《安规》(电网建设部分)：3.5.6.8

A. 额定漏电动作时间不应大于0.05s；

B. 额定漏电动作时间不应大于 0.1s；

C. 额定漏电动作时间不应大于 0.2s；

D. 额定漏电动作时间不应大于 0.5s。

答案：B

178. 当分配电箱直接供电给末级配电箱时，可采用分配电箱设置插座方式供电，并应采用（　　），且每个插座应有各自独立的保护电器。《安规》(电网建设部分)：3.5.6.9

A. 一般插座；B. 商业用插座；

C. 工业用插座；D. 重工业用插座。

答案：C

179. 动力配电箱与照明配电箱宜分别设置。当合并设置为同一配电箱时，动力和照明应分路配电；（　　）与照明末级配电箱应分设。《安规》(电网建设部分)：3.5.6.10

A. 动力末级配电箱；B. 动力初级配电箱；

C. 动力中级配电箱；D. 动力高级配电箱。

答案：A

180. 对配电箱、末级配电箱进行维修、检查时，应将其相应的电源断开并隔离，并悬挂（　　）安全标志牌。《安规》(电网建设部分)：3.5.6.11

A. “禁止合闸、有人工作！”；B. “禁止合闸、无人工作！”；

C. “合闸、有人工作！”；D. “合闸、无人工作！”。

答案：A

181. 配电箱送电、停电应按照下列顺序进行操作：

停电操作顺序：末级配电箱→（　　）→总配电箱。但在配电系统故障的紧急情况下可以除外。《安规》(电网建设部分)：3.5.6.12

A. 配电箱；B. 分配电箱；C. 配电柜；D. 配电室。

答案：B

182. 在对地电压 250V 以下的低压配电系统上不停电作业

时，应遵守下列规定：（　　）。《安规》（电网建设部分）：3.5.6.13

A．设专人监护；B．设专人看护；

C．设专人监管；D．设专人监督。

答案：A

183．施工现场、仓库及重要机械设备、配电箱旁，生活和办公区等应配置（　　）。需要动火的施工作业前，应增设相应类型及数量的消防器材。在林区、牧区施工，应遵守当地的防火规定。《安规》（电网建设部分）：3.6.1.1

A．相应的消防工具；B．相应的消防器材；

C．相应的消防演练；D．相应的消防设备。

答案：B

184．在防火重点部位或易燃、易爆区周围动用明火或进行可能产生火花的作业时，应（　　），经有关部门批准后，采取相应措施并增设相应类型及数量的消防器材后方可进行。《安规》（电网建设部分）：3.6.1.2

A．签发动火工作票；B．办理动火工作票；

C．处理动火工作票；D．安排动火工作票。

答案：B

185．消防设施应有防雨、防冻措施，并定期进行检查、试验，确保有效；（　　）等消防器材应放置在明显、易取处，不得任意移动或遮盖，禁止挪作他用。《安规》（电网建设部分）：3.6.1.3

A．砂桶（箱、袋）、斧；B．砂桶（箱、袋）、斧、锹、钩子；

C．锹、钩子；D．斧、锹。

答案：B

186．作业现场（　　）。《安规》（电网建设部分）：3.6.1.4

A．允许吸烟；B．可以吸烟；C．禁止吸烟；D．停止吸烟。

答案：C

187．禁止在办公室、工具房、休息室、宿舍等房屋内存放（　　）。《安规》（电网建设部分）：3.6.1.5

A．易污物品；B．易燃、易爆物品；

C．易爆物品；D．易燃物品。

答案：B

188．挥发性易燃材料不得装在敞口容器内或存放在普通仓库内。装过挥发性油剂及其他易燃物质的容器，应及时退库，并存放在距建筑物不小于（　　）的单独隔离场所；装过挥发性油剂及其他易燃物质的容器未与运行设备彻底隔离及采取清洗置换等措施，禁止用电焊或火焊进行焊接或切割。《安规》（电网建设部分）：3.6.1.6

A．10m；B．15m；C．20m；D．25m。

答案：D

189．储存易燃、易爆液体或气体仓库的保管人员，应穿着（　　）等不易产生静电的材料制成的服装入库。《安规》（电网建设部分）：3.6.1.7

A．化纤；B．棉、麻；C．棉；D．麻。

答案：B

190．运输（　　）等危险物品，应按当地公安部门的有关规定申请，经批准后方可进行。《安规》（电网建设部分）：3.6.1.8

A．易燃；B．易爆；C．易燃、易爆；D．易受损。

答案：C

191．采用易燃材料包装或设备本身应防火的设备箱，禁止用（　　）的方法开箱。《安规》（电网建设部分）：3.6.1.9

A．火焊切割；B．电焊切割；

C．气焊切割；D．普通切割。

答案：A

192．电气设备附近应配备适用于扑灭电气火灾的消防器材。发生电气火灾时应首先（　　）。《安规》（电网建设部分）：3.6.1.10

A．逃跑；B．灭火；C．打开电源；D．切断电源。

答案：D

193．烘燥间或烘箱的使用及管理应有（ ）。《安规》（电网建设部分）：3.6.1.11

A．专人看管；B．专人监督；

C．专人负责；D．专人检查。

答案：C

194．熬制沥青或调制冷底子油应在建筑物的下风方向进行，距易燃物不得小于（ ），不应在室内进行。《安规》（电网建设部分）：3.6.1.12

A．8m；B．10m；C．12m；D．14m。

答案：B

195．进行沥青或冷底子油作业时应通风良好，作业时及施工完毕后的（ ）内，其作业区周围 30m 内禁止明火。《安规》（电网建设部分）：3.6.1.13

A．24h；B．12h；C．8h；D．6h。

答案：A

196．冬季采用火炉暖棚法施工，应制订相应的防火和防止一氧化碳中毒措施，并设有不少于（ ）的值班人员。《安规》（电网建设部分）：3.6.14

A．五人；B．三人；C．一人；D．两人。

答案：D

197．（ ）的设计，应符合 GB 50016《建筑设计防火规范》的规定。《安规》（电网建设部分）：3.6.2.1

A．临时建筑；B．仓库；C．临时建筑及仓库；D．工棚。

答案：C

198．仓库应根据储存物品的性质采用相应耐火等级的材料建成。（ ）之间应有防火隔离措施。《安规》（电网建设部分）：3.6.2.2

A．门卫室；B．值班室与库房；C．值班室；D．库房。

答案：B

199．临时建筑物内的火炉烟囱通过墙和屋面时，其四周应用防火材料隔离。烟囱伸出屋面的高度不得小于（　　）。禁止用汽油或煤油引火。《安规》（电网建设部分）：3.6.2.3

A．200mm；B．300mm；C．400mm；D．500mm。

答案：D

200．在轻型或简易结构的（　　）上作业时，应有防止坠落的可靠措施。《安规》（电网建设部分）：4.1.23

A．房顶；B．屋面；C．地面；D．平地。

答案：B

第二节　判　断　题

1．大型或超长设备组件的竖立应按照产品技术文件要求采用两处及以上吊点配合操作，产品特别许可采用直搬法竖立时，底部支撑点应垫实并采取防滑措施。《安规》（电网建设部分）：7.1.1.1　（　　）

答案：正确

2．可以攀登断路器、互感器、避雷器、高压套管等设备的绝缘套管。《安规》（电网建设部分）：7.1.1.2　（　　）

答案：错误

3．对经过带电运行和试验的电容器组充分放电后方可进行安装和试验。《安规》（电网建设部分）：7.1.1.3　（　　）

答案：正确

4．对电动操作的电气设备，所有转动机械的电气回路不必通过检查、试验，确认控制、保护、测量、信号回路无误后方可启动，转动机械在初次启动时就地应有紧急停车设施。《安规》（电网建设部分）：7.1.1.4　（　　）

答案：错误

5．远方控制设备进行操作前，系统之间的联系回路及远方控

制回路不必经过校核，被操作设备现场应设专人监视，并有可靠的通信联络。《安规》（电网建设部分）：7.1.1.5 （ ）

答案：错误

6．现场专用机动车辆应由经培训合格的驾驶人员驾驶。《安规》（电网建设部分）：7.1.2.1 （ ）

答案：正确

7．运输超高、超宽、超长或重量大的物件时，不必制定运输方案和安全技术措施。《安规》（电网建设部分）：7.1.2.2 （ ）

答案：错误

8．装运物件应垫稳、捆牢，不得超载。《安规》（电网建设部分）：7.1.2.3 （ ）

答案：正确

9．行驶时，驾驶室外及车厢外不得载人，时速不得超过15km/h。《安规》（电网建设部分）：7.1.2.4 （ ）

答案：正确

10．特殊设备运输不必有专人领车、监护，并设必要的标志。《安规》（电网建设部分）：7.1.2.5 （ ）

答案：错误

11．110kV及以上或容量30MVA及以上的油浸变压器、电抗器安装前应依据安装使用说明书编写安全施工措施，并进行交底。《安规》（电网建设部分）：7.2.1 （ ）

答案：正确

12．充氮变压器、电抗器未经充分排氮（其气体含氧量未达到1.8%及以上时），禁止作业人员入内。变压器注油排氮时，任何人不得在排气孔处停留。《安规》（电网建设部分）：7.2.2 （ ）

答案：错误

13．进行变压器、电抗器内部作业时，通风和安全照明应良好，并设专人监护；作业人员应穿无纽扣、无口袋的工作服、耐油防滑靴等专用防护用品；带入的工具应拴绳、登记、清点，严

防工具及杂物遗留在器身内。《安规》(电网建设部分): 7.2.3 (　　)

答案: 正确

14. 油浸变压器、电抗器在放油及滤油过程中, 外壳、铁芯、夹件及各侧绕组应可靠接地, 储油罐和油处理设备不必可靠接地, 防止静电火花。《安规》(电网建设部分): 7.2.4 (　　)

答案: 错误

15. 储油和油处理现场应配备足够、可靠的消防器材, 不必制定明确的消防责任制, 10m 范围内不得有火种及易燃易爆物品。《安规》(电网建设部分): 7.2.5 (　　)

答案: 错误

16. 按生产厂家技术文件要求吊装套管。《安规》(电网建设部分): 7.2.6 (　　)

答案: 正确

17. 变压器附件有缺陷需要进行焊接处理时, 不必制定动火作业安全措施。《安规》(电网建设部分): 7.2.9 (　　)

答案: 错误

18. 变压器引线局部焊接不良需在现场进行补焊时, 不必制定专项施工方案并采取绝热和隔离等防火措施。《安规》(电网建设部分): 7.2.10 (　　)

答案: 错误

19. 变压器、电抗器带电前本体外壳及接地套管等附件应可靠接地, 电流互感器备用二次端子应短接接地, 全部电气试验合格。《安规》(电网建设部分): 7.2.12 (　　)

答案: 正确

20. 110kV 及以上断路器、隔离开关、组合电器安装前不必依据安装使用说明书编写施工安全技术措施。《安规》(电网建设部分): 7.3.1 (　　)

答案: 错误

21. 在下列情况下不得搬运开关设备:

（1）隔离开关、闸刀型开关的刀闸在断开位置时。

（2）断路器、传动装置以及有返回弹簧或自动释放的开关。

（3）在合闸位置和未锁好时。《安规》（电网建设部分）：7.3.2 （　　）

答案：正确

22．封闭式组合电器在运输和装卸过程中不得倒置、倾翻、碰撞和受到剧烈的振动。制造厂有特殊规定标记的，应按制造厂的规定装运。瓷件应安放妥当，不得倾倒、碰撞。《安规》（电网建设部分）：7.3.3 （　　）

答案：正确

23．六氟化硫气瓶的搬运和保管，应符合下列要求：

（1）六氟化硫气瓶的安全帽、防振圈应齐全，安全帽应拧紧。搬运时应轻装轻卸，禁止抛掷、溜放。

（2）六氟化硫气瓶应存放在防晒、防潮和通风良好的场所。不得靠近热源和油污的地方，水分和油污不应粘在阀门上。

（3）六氟化硫气瓶不得与其他气瓶混放。《安规》（电网建设部分）：7.3.4 （　　）

答案：正确

24．在调整、检修断路器及传动装置时，不必有防止断路器意外脱扣伤人的可靠措施，施工作业人员应避开断路器可动部分的动作空间。《安规》（电网建设部分）：7.3.5 （　　）

答案：错误

25．对于液压、气动及弹簧操动机构，不应在有压力或弹簧储能的状态下进行拆装或检修作业。《安规》（电网建设部分）：7.3.6 （　　）

答案：正确

26．放松或拉紧断路器的返回弹簧及自动释放机构弹簧时，不必使用专用工具，不得快速释放。《安规》（电网建设部分）：7.3.7 （　　）

答案：错误

27．凡可慢分慢合的断路器，初次动作时不必按照厂家技术文件要求进行。《安规》（电网建设部分）：7.3.8 （ ）

答案：错误

28．断路器操作时，应事先通知高处作业人员及附近作业人员。《安规》（电网建设部分）：7.3.9 （ ）

答案：正确

29．隔离开关采用三相组合吊装时，不必检查确认框架强度符合起吊要求。《安规》（电网建设部分）：7.3.10 （ ）

答案：错误

30．隔离开关安装时，在隔离刀刃及动触头横梁范围内可以有人作业。必要时应在开关可靠闭锁后方可进行作业。《安规》（电网建设部分）：7.3.11 （ ）

答案：错误

31．六氟化硫组合电器安装过程中的平衡调节装置应检查完好，临时支撑应牢固。《安规》（电网建设部分）：7.3.12 （ ）

答案：正确

32．起吊索应固定在专门的吊环上，并不得碰伤瓷套，可以利用伞裙作为吊点进行吊装。《安规》（电网建设部分）：7.5.1（ ）

答案：错误

33．运输、放置、安装、就位应按产品技术要求执行，期间不必防止倾倒或遭受机械损伤。《安规》（电网建设部分）：7.5.2 （ ）

答案：错误

34．500kV及以上或单台容量10Mvar及以上的干式电抗器安装前不必依据安装使用说明书编写安全施工措施。《安规》（电网建设部分）：7.6.1 （ ）

答案：错误

35．220kV及以上穿墙套管安装前应依据安装使用说明书编

写施工安全技术措施。《安规》（电网建设部分）：7.7.1 （ ）

答案：正确

36．大型穿墙套管安装吊具应使用产品专用吊具或制造厂认可的吊具。《安规》（电网建设部分）：7.7.2 （ ）

答案：正确

37．大型穿墙套管吊装、就位过程应平衡、平稳，两侧联系应通畅，应统一指挥；高处作业人员使用的高处作业机具或作业平台应安全可靠。《安规》（电网建设部分）：7.7.3 （ ）

答案：正确

38．阀厅内设备安装的高处作业，应正确使用专用升降平台，做好安全防护措施。专用升降平台操作人员不必经过培训合格。《安规》（电网建设部分）：7.8.1 （ ）

答案：错误

39．悬吊式阀塔设备吊装应从上而下，吊装过程中应注意保持水平。《安规》（电网建设部分）：7.8.2 （ ）

答案：正确

40．阀冷却系统的设备和管道应可靠接地，冷却水系统应通过压力密封试验。《安规》（电网建设部分）：7.8.3 （ ）

答案：正确

41．蓄电池存放地点应清洁、通风、干燥，搬运电池时不得触动极柱和安全阀。《安规》（电网建设部分）：7.9.1 （ ）

答案：正确

42．蓄电池开箱时，撬棍利用蓄电池作为支点，防止损毁蓄电池。《安规》（电网建设部分）：7.9.2 （ ）

答案：错误

43．蓄电池室应在设备安装前完善照明、通风和取暖设施。蓄电池安装过程及完成后室内严禁烟火。《安规》（电网建设部分）：7.9.3 （ ）

答案：正确

44．安装或搬运电池时应戴绝缘手套、围裙和护目镜，若酸液泄漏溅落到人体上，应立即用苏打水和清水冲洗。《安规》（电网建设部分）：7.9.4　（　）

答案：正确

45．紧固电极连接件时所用的工具要带有绝缘手柄，应避免蓄电池组短路。《安规》（电网建设部分）：7.9.5　（　）

答案：正确

46．安装免维护蓄电池组应符合产品技术文件的要求，可人为随意开启安全阀。《安规》（电网建设部分）：7.9.6　（　）

答案：错误

47．铅酸蓄电池组安装应按照产品技术文件的规定执行。《安规》（电网建设部分）：7.9.8　（　）

答案：正确

48．在土建条件不满足要求时，方可进行盘、柜安装。《安规》（电网建设部分）：7.10.1　（　）

答案：错误

49．盘、柜在安装地点拆箱后，应立即将箱板等杂物清理干净，以免阻塞通道或钉子扎脚，并将盘、柜搬运至安装地点摆放或安装，防止受潮、雨淋。《安规》（电网建设部分）：7.10.2　（　）

答案：正确

50．盘、柜就位要防止倾倒伤人和损坏设备，撬动就位时人力应足够，指挥应统一。狭窄处应防止挤伤。《安规》（电网建设部分）：7.10.3　（　）

答案：正确

51．盘、柜底加垫时将手伸入底部，防止安装时挤轧手脚。《安规》（电网建设部分）：7.10.4　（　）

答案：错误

52．盘、柜在安装固定好以前，应有防止倾倒的措施，特别是重心偏在一侧的盘柜。对变送器等稳定性差的设备，安装就位后应立即将全部安装螺栓紧好，可以浮放。《安规》（电网建设部分）：7.10.5 （ ）

答案：错误

53．在墙上安装操作箱及其他较重的设备时，应做好临时支撑，固定好后方不可拆除该支撑。《安规》（电网建设部分）：7.10.6 （ ）

答案：错误

54．盘、柜内的各式熔断器，凡直立布置者应上口接电源，下口接负荷。《安规》（电网建设部分）：7.10.7 （ ）

答案：正确

55．施工区周围的孔洞应采取措施可靠的遮盖，防止人员摔伤。《安规》（电网建设部分）：7.10.8 （ ）

答案：正确

56．测量母线档距时应有安全措施，在带电体周围随意使用钢卷尺、夹有金属丝皮卷尺和线尺等进行测量作业，宜使用光学仪器进行测量。《安规》（电网建设部分）：7.11.1.1 （ ）

答案：错误

57．线盘架设应选用与线盘相匹配的放线架，且架设平稳。放线人员随意站在线盘的一方，当放到线盘上的最后几圈时，应采取措施防止导线突然蹦出。《安规》（电网建设部分）：7.11.1.2 （ ）

答案：错误

58．切割导线前，应将切割处的两侧扎紧并固定好，防止导线割断后散开或弹起。导线切割面毛刺应处理。《安规》（电网建设部分）：7.11.1.3 （ ）

答案：正确

59．导线压接用的液压机的压力表应完好，液压机的油位应正常。压接操作过程中应有专人监视压力表读数，可以超压或在

夹盖未固定到位的状态下使用。《安规》(电网建设部分): 7.11.1.4 (　　)

答案: 错误

60. 压接用液压机的操作者应位于压钳作用力方向侧面进行观察，防止超压损坏机械，所有连接部位应确保连接状态良好，如发现有不良现象应消除后再进行作业。《安规》(电网建设部分): 7.11.1.5 (　　)

答案: 正确

61. 压接用钢模规格应与导线金具配套，对钢模应进行定期检查，如发现有裂纹或变形，仍然可以继续进行使用。《安规》(电网建设部分): 7.11.1.6 (　　)

答案: 错误

62. 新架设的母线与带电母线邻近或平行时应接地。《安规》(电网建设部分): 7.11.1.7 (　　)

答案: 正确

63. 母线架设应统一指挥，在架线时导线下方可以有人站立或行走。《安规》(电网建设部分): 7.11.1.8 (　　)

答案: 错误

64. 紧线应缓慢，避免导线出现挂阻情况，防止导线受力后突然弹起，人员可以跨越正在收紧的导线。《安规》(电网建设部分): 7.11.1.9 (　　)

答案: 错误

65. 软母线引下线与设备连接前应进行临时固定，不得任意悬空摆动。《安规》(电网建设部分): 7.11.1.10 (　　)

答案: 正确

66. 在软母线上作业前应检查金具连接是否良好。《安规》(电网建设部分): 7.11.1.11 (　　)

答案: 正确

67. 硬母线焊接时应通风良好，作业人员应穿戴个人防护装

备。《安规》（电网建设部分）：7.11.2.1　（　）

答案：正确

68．硬母线预拱或弯制时，作业人员禁止站在设备顶进方向侧。《安规》（电网建设部分）：7.11.2.2　（　）

答案：正确

69．硬母线切割后断口应进行倒角，毛刺不必进行平整处理。《安规》（电网建设部分）：7.11.2.3　（　）

答案：错误

70．绝缘子及母线可以作为施工时承重的支持点。《安规》（电网建设部分）：7.11.2.4　（　）

答案：错误

71．管型母线放置应采取防止滚动和隔离警示的措施。《安规》（电网建设部分）：7.11.2.5　（　）

答案：正确

72．大跨距管型母线吊装时宜采用吊车多点吊装并制定安全技术措施。《安规》（电网建设部分）：7.11.2.6　（　）

答案：正确

73．新安装的硬母线与带电母线邻近或平行时不必接地。《安规》（电网建设部分）：7.11.2.7　（　）

答案：错误

74．在开挖邻近地下管线的电缆沟时，不必取得业主提供的有关地下管线等的资料，按设计要求制定开挖方案并报监理和业主确认。《安规》（电网建设部分）：7.12.1.1　（　）

答案：错误

75．电缆敷设前，电缆沟及电缆夹层内应清理干净，并应有足够的照明。《安规》（电网建设部分）：7.12.1.2　（　）

答案：正确

76．线盘架设不必选用与线盘相匹配的放线架，且架设平稳。放线人员应站在线盘的侧后方。当放到线盘上的最后几圈时，应采取

措施防止电缆突然蹦出。《安规》(电网建设部分)：7.12.1.3 (　　)

答案：错误

77. 电缆敷设时，盘边缘距地面不得小于100mm，电缆盘转动力量要均匀，速度要缓慢、平稳。《安规》(电网建设部分)：7.12.1.4 (　　)

答案：正确

78. 电缆敷设不必由专人指挥、统一行动，并有明确的联系信号，不得在无指挥信号时随意拉引，以防人员肢体受伤。《安规》(电网建设部分)：7.12.1.5 (　　)

答案：错误

79. 机械敷设电缆时，在牵引端宜制作电缆拉线头，保持匀速牵引，应遵守有关操作规程，加强巡视，有可靠的联络信号。电缆敷设时应特别注意多台机械运行中的衔接配合与拐弯处的情况。《安规》(电网建设部分)：7.12.1.6 (　　)

答案：正确

80. 电缆敷设时，不得在电缆或桥、支架上攀吊或行走。《安规》(电网建设部分)：7.12.1.7 (　　)

答案：正确

81. 电缆通过孔洞、管子或楼板时，两侧不必设专人监护。入口侧应防止电缆被卡或手被带入孔内，出口侧的人员不得在正面接引。《安规》(电网建设部分)：7.12.1.8 (　　)

答案：错误

82. 在高处、临边敷设电缆时，应有防坠落措施。直接站在梯式电缆架上作业时，应核实其强度。强度不够时，应采取加固措施。不应攀登组合式电缆架、吊架和电缆。《安规》(电网建设部分)：7.12.1.9 (　　)

答案：正确

83. 电缆敷设时，拐弯处的作业人员不必站在电缆外侧。《安规》(电网建设部分)：7.12.1.10 (　　)

答案：错误

84．电缆敷设时，临时打开的孔洞应设围栏或安全标志，完工后立即封闭。《安规》（电网建设部分）：7.12.1.11 （ ）

答案：正确

85．进入带电区域内敷设电缆时，不必取得运维单位同意，办理工作票，设专人监护，采取安全措施，保持安全距离，防止误碰运行设备，不得踩踏运行电缆。《安规》（电网建设部分）：7.12.1.12 （ ）

答案：错误

86．电缆穿入带电的盘柜前，电缆端头应做绝缘包扎处理，电缆穿入时盘上应有专人接引，严防电缆触及带电部位及运行设备。《安规》（电网建设部分）：7.12.1.13 （ ）

答案：正确

87．运行屏内进行电缆施工时，应设专人监护，做好带电部分遮挡，核对完电缆芯线后不必及时包扎好芯线金属部分，防止误碰带电部分，并及时清理现场。《安规》（电网建设部分）：7.12.1.14 （ ）

答案：错误

88．电缆敷设经过的建筑隔墙、楼板、电缆竖井，以及屏、柜、箱下部电缆孔洞间均应封堵，其中楼板、电缆竖井封堵支架和隔板的设计及施工应能承受工作人员荷载。《安规》（电网建设部分）：7.12.1.15 （ ）

答案：正确

89．热缩电缆头制作需动火时不必开具动火工作票，落实动火安全责任和措施。《安规》（电网建设部分）：7.12.2.1 （ ）

答案：错误

90．作业场所5m内应无易燃易爆物品，通风良好。《安规》（电网建设部分）：7.12.2.2 （ ）

答案：正确

91．火焰枪气管和接头不必密封良好。《安规》(电网建设部分)：7.12.2.3 ( )

答案：错误

92．做完电缆头后应及时熄灭火焰枪（喷灯），并清除杂物。《安规》(电网建设部分)：7.12.2.4 ( )

答案：正确

93．试验人员不必具有试验专业知识，充分了解被试设备和所用试验设备、仪器的性能。试验设备应合格有效，不得使用有缺陷及有可能危及人身或设备安全的设备。《安规》(电网建设部分)：7.13.1.1 ( )

答案：错误

94．进行系统调试作业前，应全面了解系统设备状态。对与运行设备有联系的系统进行调试应办理工作票，同时采取隔离措施，并设专人监护。《安规》(电网建设部分)：7.13.1.2 ( )

答案：正确

95．通电试验过程中，试验和监护人员可以中途离开。《安规》(电网建设部分)：7.13.1.3 ( )

答案：错误

96．试验电源应按电源类别、相别、电压等级合理布置，并在明显位置设立安全标志。试验场所应有良好的接地线，试验台上及台前应根据要求铺设橡胶绝缘垫。《安规》(电网建设部分)：7.13.1.4 ( )

答案：正确

97．进行高压试验时，应明确试验负责人，试验人员不得少于两人，试验负责人是作业的安全责任人，对试验作业的安全全面负责。《安规》(电网建设部分)：7.13.2.1 ( )

答案：正确

98．高压试验设备和被试验设备的接地端或外壳应可靠接地，低压回路中应有过载自动保护装置的开关并串用双极刀闸。

接地线不必采用多股编织裸铜线或外覆透明绝缘层铜质软绞线或铜带，接地线的截面应能满足相应试验项目要求，但不得小于 4mm 动力配电装置上所用的接地线其截面不得小于 25mm。《安规》（电网建设部分）：7.13.2.2　（　）

答案：错误

99．现场高压试验区域应设置遮栏或围栏，向外悬挂“止步，高压危险！”的安全标志牌，并设专人看护，被试设备两端不在同一地点时，另一端应同时派人看守。《安规》（电网建设部分）：7.13.2.3　（　）

答案：正确

100．电气设备在进行耐压试验前，应先测定绝缘电阻，测量绝缘电阻时，被试设备应与电源断开，测量用的导线应使用相应电压等级的绝缘导线，其端部不必有绝缘套。《安规》（电网建设部分）：7.13.2.4　（　）

答案：错误

101．高压试验应有监护人监视操作，试验负责人许可后，方可加压。加压过程中，监护人传达口令应清楚准确，操作人员应复述应答。《安规》（电网建设部分）：7.13.2.7　（　）

答案：正确

102．高压试验操作人员应穿绝缘靴或站在绝缘台（垫）上，并戴绝缘手套。《安规》（电网建设部分）：7.13.2.8　（　）

答案：正确

103．试验用电源不必有断路明显的开关和电源指示灯。更改接线或试验结束时，应首先断开试验电源，再进行充分放电，并将升压设备的高压部分短路接地。《安规》（电网建设部分）：7.13.2.9　（　）

答案：错误

104．遇有雷雨及四级以上大风时应停止高压试验。《安规》（电网建设部分）：12.4.9　（　）

答案：错误

105．对高压试验设备和试品放电应使用接地棒，接地棒绝缘长度按安全作业的要求选择，但最小长度不得小于 1000mm，其中绝缘部分不得小于 700mm。试验后被试设备应充分放电。从接地棒接触高压试验设备和试品高压端至试验人员能接触的时间不短于 3min，对大容量试品的放电时间应大于 5min。放电后不必将接地棒挂在高压端，保持接地状态，再次试验前取下。《安规》（电网建设部分）：7.13.2.11 （ ）

答案：错误

106．对大电容的直流试验设备和试品，以及直流试验电压超过 100kV 的设备和试品接地放电时，不必先用带电阻的接地棒或临时代用的放电电阻放电，然后再直接接地或短路放电。《安规》（电网建设部分）：7.13.2.12 （ ）

答案：错误

107．遇有雷电、雨、雪、雹、雾和六级以上大风时不必停止高压试验。《安规》（电网建设部分）：7.13.2.13 （ ）

答案：错误

108．试验中如发生异常情况，应立即断开电源，并经充分放电、接地后方可检查。《安规》（电网建设部分）：7.13.2.14（ ）

答案：正确

109．试验结束后，不必检查被试设备上有无遗忘的工具、导线及其他物品，拆除临时围栏或标志旗绳，并将被试验设备恢复原状。《安规》（电网建设部分）：7.13.2.15 （ ）

答案：错误

110．进行晶闸管（可控硅）高压试验前，不必停止区域内其他作业，撤离无关人员。进行低压通电试验时，试验人员应与试验带电体保持 0.7m 以上的安全距离，试验人员不得接触阀塔屏蔽罩。《安规》（电网建设部分）：7.13.3.1 （ ）

答案：错误

111．地面试验人员与阀体层人员不必保持联系，防止误加压。阀体作业层应设专责监护人（在与阀体作业层平行的升降车上监护、指挥），加压过程中应有人监护并复述。《安规》(电网建设部分)：7.13.3.2（ ）

答案：错误

112．换流变压器高压试验前应通知阀厅内高压穿墙套管侧无关人员撤离，并派专人监护。《安规》(电网建设部分)：7.13.3.3（ ）

答案：正确

113．阀厅内高压穿墙套管试验加压前应通知阀厅外侧换流变压器等设备上无关人员撤离，确认其余绕组均已可靠接地，并派专人监护。《安规》(电网建设部分)：7.13.3.4（ ）

答案：正确

114．高压直流系统带线路空载加压试验前，应确认对侧换流站相应的直流线路接地刀闸、极母线出线隔离开关、金属回线隔离开关在拉开状态。《安规》(电网建设部分)：7.13.3.5（ ）

答案：正确

115．单极金属回线运行时，应对停运极进行空载加压试验。《安规》(电网建设部分)：7.13.3.6（ ）

答案：错误

116．背靠背高压直流系统一侧进行空载加压试验前，不必检查另一侧换流变压器是否处于冷备用状态。《安规》(电网建设部分)：7.13.3.7（ ）

答案：错误

117．对电压互感器二次回路做通电试验时，二次回路应与电压互感器断开，一次回路应与系统隔离，拉开隔离开关或取下高压侧熔断器。《安规》(电网建设部分)：7.13.4.1（ ）

答案：正确

118．对电磁感应式电流互感器一次侧进行通电试验时，二次

回路可以开路，短路接地应使用短接片或短接线，禁止用导线缠绕。《安规》(电网建设部分)：7.13.4.2 （ ）

答案：错误

119．进行与已运行系统有关的继电保护、自动装置及监控系统调试时，应将有关部分断开或隔离，申请退出运行，做一、二次传动或一次通电时应事先通知，必要时应有运维人员和有关人员配合作业，严防误操作。《安规》(电网建设部分)：7.13.4.3 （ ）

答案：正确

120．运行屏上拆接线时应在端子排外侧进行，拆开的线应包好，并注意防止误碰其他运行回路，禁止将运行中的电流互感器二次回路开路及电压互感器二次回路短路、接地。拆除与运行设备有关联回路时，应先拆运行设备端，后拆另一端。其余回路一般先拆电源端，后拆另一端。二次回路接线时，应先接扩建设备侧，后接运行设备侧。《安规》(电网建设部分)：7.13.4.4 （ ）

答案：正确

121．做断路器、隔离开关、有载调压装置等主设备远方传动试验时，主设备处应设专人监视，不必有通信联络及相应应急措施。《安规》(电网建设部分)：7.13.4.5 （ ）

答案：错误

122．测量二次回路的绝缘电阻时，被试系统内应切断电源，其他作业应暂停。《安规》(电网建设部分)：7.13.4.6 （ ）

答案：正确

123．使用钳形电流表时，其电压等级应与被测电压相符。测量时不必戴绝缘手套、站在绝缘垫上。《安规》(电网建设部分)：7.13.4.7 （ ）

答案：错误

124．试验人员应熟悉智能变电站技术特点，熟悉本站网络结构、本站 SCD 文件及待校验装置配置、涉及的交换机连接及

VLAN 划分方式。《安规》(电网建设部分)：7.13.5.1　（　）

答案：正确

125．试验人员应熟悉待校验装置与运行设备（包括交换机等）的隔离点，做好安全隔离措施，必要时可以拔出保护跳闸出口的光纤，盖上护套并做好记录、标识。《安规》(电网建设部分)：7.13.5.2　（　）

答案：正确

126．试验仪器应符合 DL/T 624《继电保护微机型试验装置技术条件》的规定，不必检验合格。《安规》(电网建设部分)：7.13.5.3　（　）

答案：错误

127．试验前应确保待校验装置的检修压板处于投入状态，并确认装置输出报文带检修位。《安规》(电网建设部分)：7.13.5.4　（　）

答案：正确

128．对智能终端和合并单元进行试验时，应明确其影响范围。在影响范围内的保护装置应退出相应间隔，必要时可以申请保护装置和一次设备退出运行。《安规》(电网建设部分)：7.13.5.5　（　）

答案：正确

129．试验中应核对停役设备的范围，不得投入运行中合并单元的检修压板。《安规》(电网建设部分)：7.13.5.6　（　）

答案：正确

130．试验过程中禁止将随身携带的笔记本等未经过网络安全检验的设备直接接入变电站网络交换机。《安规》(电网建设部分)：7.13.5.7　（　）

答案：正确

131．智能化保护设备功能的投退皆由软压板实现。装置校验时，装置内远方修改定值、远方修改软压板、远方修改定值区功

能应退出，保证校验过程中软压板不会误投退。《安规》（电网建设部分）：7.13.5.8 （　）

答案：正确

132．校验结束后，不必按记录、标识恢复每个端口的光纤，并核对其与校验前一致，检查装置通信恢复情况，确认所有装置连接正确无断链告警。《安规》（电网建设部分）：7.13.5.9 （　）

答案：错误

133．传动前，不必将合并单元、控制保护装置、智能终端设备的检修压板合上。试验完成后，再将所有检修压板退出。《安规》（电网建设部分）：7.13.5.10 （　）

答案：错误

134．完成各项作业检查、办理交接，并离开将要带电的设备及系统，未经许可、登记，不得擅自再进行任何检查和检修、安装作业。《安规》（电网建设部分）：7.13.6.2 （　）

答案：正确

135．电气设备准备启动或带电时，其附近不必设遮栏及安全标志牌或派专人看守。《安规》（电网建设部分）：7.13.6.3 （　）

答案：错误

136．在启动调试之前，应组织有关人员检查试验回路，严格做好运行设备、调试设备和施工中设备的安全隔离作业。《安规》（电网建设部分）：7.13.6.4 （　）

答案：正确

137．启动时，被试设备或外接试验设备处，不必挂有相应的标志牌，或使用遮栏、红白带等警示装置，高压外接分压器处应采取安全遮栏等特殊警示措施，并派专人看管。《安规》（电网建设部分）：7.13.6.5 （　）

答案：错误

138．带电或启动条件具备后，应由指挥人员按启动方案指挥实施，启动过程的操作应按照相关规定执行。《安规》（电网建设

部分）: 7.13.6.6　（　）

答案：正确

139．试验和操作人员不必严格按照启动调试指挥系统的命令进行作业。试验中一旦发生电气设备异常事故，应立即停止试验，试验人员退出现场，由调试指挥及调度部门进行处理。《安规》（电网建设部分）: 7.13.6.7　（　）

答案：错误

140．在一次设备、控制保护屏等运行设备上引取测量信号时，应办理工作票。《安规》（电网建设部分）: 7.13.6.8　（　）

答案：正确

141．所有测量引线不必选用合适规格导线，连接牢固可靠，防止出现破损、过热、拉脱、轧断或松动等意外，确保电流互感器二次回路不得开路、电压互感器二次回路不得短路、套管末屏不得开路。《安规》（电网建设部分）: 7.13.6.9　（　）

答案：错误

142．由开关场引入的临时测量电缆与从控制保护屏引出的测量引线，应分开布置，且测量设备电源应加隔离变压器。如需将来自两地的测量电缆接到同一测试设备，则应将其中一处来的信号加以隔离。《安规》（电网建设部分）: 7.13.6.10　（　）

答案：正确

143．在配电设备及母线送电以前，应先将该段母线的所有回路断开，然后再逐一接通所需回路，防止窜电至其他设备。《安规》（电网建设部分）: 7.13.6.11　（　）

答案：正确

144．换流站工程系统调试阶段不必按照系统调试方案和系统调试调度实施方案执行，禁止进行系统调试指挥许可之外的工作。《安规》（电网建设部分）: 7.13.6.13　（　）

答案：错误

145．换流站工程试运行阶段，由运维单位代行管理的设备设

施，其维修、消缺、测试均应按照运维单位要求办理工作票许可后方可进行。《安规》（电网建设部分）：7.13.6.14（ ）

答案：正确

146．电动升降平台不必有经过培训的专人操作。《安规》（电网建设部分）：7.14.1.1（ ）

答案：错误

147．电动升降平台应有维护、保养记录，不得改动电动升降平台的控制回路。《安规》（电网建设部分）：7.14.1.2（ ）

答案：正确

148．电动升降平台的支撑防护不必符合产品技术文件要求。《安规》（电网建设部分）：7.14.1.3（ ）

答案：错误

149．在电动升降平台上作业不必使用安全带。《安规》（电网建设部分）：7.14.1.4（ ）

答案：错误

150．设备使用现场不必确定操作负责人，操作负责人不必经过施工单位、相关机构或设备制造厂的专门培训。《安规》（电网建设部分）：7.14.2.1.1（ ）

答案：错误

151．使用现场不必配备设备的操作使用说明书或对应所使用设备而编制的操作手册。《安规》（电网建设部分）：7.14.2.1.2（ ）

答案：错误

152．所使用的设备不必有维护、保养记录。《安规》（电网建设部分）：7.14.2.1.3（ ）

答案：错误

153．现场应制定防火措施，并按照规定配齐消防器材。《安规》（电网建设部分）：7.14.2.1.4（ ）

答案：正确

154．滤油机及油系统的金属管道应采取防静电的接地措施。《安规》(电网建设部分)：7.14.2.2.1　（　）

答案：正确

155．滤油设备采用油加热器时，应先开启油泵，后投加热器；停机时操作顺序相反。《安规》(电网建设部分)：7.14.2.2.2　（　）

答案：正确

156．使用真空滤油机时，不必严格按照制造厂提供的操作步骤进行。《安规》(电网建设部分)：7.14.2.2.3　（　）

答案：错误

157．压力式滤油机停机时不必先关闭油泵的进口阀门。《安规》(电网建设部分)：7.14.2.2.4　（　）

答案：错误

158．真空泵应润滑良好，冷却水流量应充足，冬季不必有防冻措施，并由专人维护。《安规》(电网建设部分)：7.14.2.3（　）

答案：错误

159．叉车驾驶及操作人员不必经过相关机构或设备制造厂的专门培训。《安规》(电网建设部分)：7.14.3.1　（　）

答案：错误

160．叉车应有产品检验合格证件，不必有使用过程的维护、保养记录。《安规》(电网建设部分)：7.14.3.2　（　）

答案：错误

161．叉车使用前不必对行驶、升降、倾斜等机构进行检查。《安规》(电网建设部分)：7.14.3.3　（　）

答案：错误

162．叉车不得快速起动、急转弯或突然制动；在转弯、拐角、斜坡及弯曲道路上应低速行驶；倒车时，不得用紧急制动。《安规》(电网建设部分)：7.14.3.4　（　）

答案：正确

163．叉车不得载人行驶。《安规》（电网建设部分）：7.14.3.5 （　　）

答案：正确

164．叉车作业结束后，应关闭所有控制器，切断动力源，扳下制动闸，将货叉放至最低位置并取出钥匙或拉出联锁后方可离开。《安规》（电网建设部分）：7.14.3.6 （　　）

答案：正确

165．高架车驾驶及操作人员应经过相关机构或设备制造厂的专门培训。斗车上的作业人员不需要经过专门培训认定后，在斗车上进行操作。《安规》（电网建设部分）：7.14.4.1 （　　）

答案：错误

166．高架车应有产品检验合格证件，应有使用过程的维护、保养记录。《安规》（电网建设部分）：7.14.4.2 （　　）

答案：正确

167．停电，送电作业应指定专人负责。《安规》（电网建设部分）：11.3.9 （　　）

答案：正确

168．吊车检验合格证件及驾驶操作合格证件报审手续完备，合格证件在有效期内。《安规》（电网建设部分）：7.14.5.1 （　　）

答案：正确

169．高处作业平台应参照 GB/T 9465《高空作业车》和 GB 19155《高处作业吊篮》的规定使用、试验、维护与保养。《安规》（电网建设部分）：7.14.5.2 （　　）

答案：正确

170．利用吊车作为支撑点的高处作业平台应经计算、验证，并编制使用安全管理规定及操作规程，不必经施工单位技术负责人批准后方可使用。《安规》（电网建设部分）：7.14.5.3 （　　）

答案：错误

171．利用吊车作为支撑点的高处作业平台使用时，操作人员除需具备驾驶操作合格证件外，还需要接受相关高处作业平台使用的技术交底并记录在案。《安规》(电网建设部分)：7.14.5.4（ ）

答案：正确

172．在高处作业平台上的作业人员不必使用安全带。《安规》(电网建设部分)：7.14.5.5 （ ）

答案：错误

173．应严格执行 Q/GDW 1799.1—2013《国家电网公司电力安全工作规程 变电部分》的相关规定，在运行区内作业不必办理工作票。《安规》（电网建设电部分）：8.1.1.1 （ ）

答案：错误

174．开工前，施工单位应编制施工区域与运行部分的物理和电气隔离方案，不需设备运维单位会审确认。《安规》（变电部分）：8.1.1.2 （ ）

答案：错误

175．进行充油电缆接头安装时，应做好充油电缆接头附件及油压力箱的存放作业，并配备必要的消防器材。《安规》(变电网建设部分)：12.3.1 （ ）

答案：正确

176．工作票负责人和工作票签发人不必经过设备运维单位或由设备运维单位确认的其他单位培训合格，并报设备运维单位备案。《安规》(变电网建设部分)：8.1.3.1 （ ）

答案：错误

177．工作票由设备运维单位签发，也可由设备运维单位和施工单位签发人实行双签发，具体签发程序按照安全协议要求执行。《安规》(变电网建设部分)：8.1.3.4 （ ）

答案：正确

178．在运行的变电站及高压配电室搬动梯子、线材等长物时，应放倒两人搬运，并应与带电部分保持安全距离。在运行的变电站手持非绝缘物件时不应超过本人的头顶，设备区内禁止撑

伞。《安规》(变电网建设部分): 8.1.5.1 ( )

答案: 正确

179. 在带电设备周围，随意使用钢卷尺、皮卷尺和线尺(夹有金属丝者)进行测量作业，应使用相关绝缘量具或仪器进行测量。《安规》(变电网建设部分): 8.1.5.2 ( )

答案: 错误

180. 在带电设备区域内或邻近带电母线处，必须使用金属梯子。《安规》(变电网建设部分): 8.1.5.3 ( )

答案: 错误

181. 施工现场不需随时固定或清除可能漂浮的物体。《安规》(变电网建设部分): 3.1.5.4 ( )

答案: 错误

182. 在变电站(配电室)中进行扩建时，已就位的新设备及母线不必完善接地装置连接。《安规》(变电部网建设分): 8.1.5.5 ( )

答案: 错误

183. 电缆施工完成后应将穿越过的孔洞进行封堵。《安规》(变电网建设部分): 12.2.18 ( )

答案: 正确

184. 确认被拆的设备或设施不带电，并做好安全措施。《安规》(变电网建设部分): 8.1.6.1 ( )

答案: 正确

185. 不得破坏原有安全设施的完整性。《安规》(变电网建设部分): 8.1.6.2 ( )

答案: 正确

186. 不需防止因结构受力变化而发生破坏或倾倒。《安规》(变电网建设部分): 8.1.6.3 ( )

答案: 错误

187. 拆除旧电缆时应从一端开始，可以在中间切断或任意

拖拉。《安规》(变电网建设部分)：8.1.6.4　　（　）

答案：错误

188．拆除有张力的软导线时应缓慢施放。《安规》(变电网建设部分)：8.1.6.5　　（　）

答案：正确

189．弃置的动力电缆头、控制电缆头，除有短路接地外，不必一律视为有电。《安规》(变电网建设部分)：8.1.6.6　　（　）

答案：错误

190．邻近带电体作业时，施工全过程应设专人监护。《安规》(变电网建设部分)：8.2.1.1　　（　）

答案：正确

191．在平行或邻近带电设备部位施工（检修）作业时，为防护感应电压加装的个人保安接地线不必记录在工作票上，并由施工作业人员自装自拆。《安规》(变电网建设部分)：8.2.1.2（　）

答案：错误

192．在330kV及以上电压等级的运行区域作业时，不必采取防静电感应措施，例如穿戴相应电压等级的全套屏蔽服（包括帽子、上衣、裤子、手套、鞋等，下同）或静电感应防护服和导电鞋等（220kV 线路杆塔上作业时宜穿导电鞋）；在±400kV及以上电压等级的直流线路单极停电侧进行作业时，应穿着全套屏蔽服。《安规》(变电网建设部分)：8.2.1.3　　（　）

答案：错误

193．不停电跨越架线的放线区段应尽量减少线档数量，牵引系统设备应经全面检查，确保完好。《安规》(电网建设部分)：11.2.3　　（　）

答案：正确

194．架线前对导引绳、牵引绳及承力工器具应进行逐盘(件)检查，不合格的工器具随意使用。《安规》(电网建设部分)：11.2.4　　（　）

答案：错误

195．架线过程中，不停电跨越位置处、跨越档两端铁塔应设专人监护，监护人应配备通信工具，且应保持与现场指挥人的联系畅通。《安规》（电网建设部分）：11.2.5 （ ）

答案：正确

196．跨越不停电线路时，作业人员应在跨越架内侧攀登、作业，可以从封顶架上通过。《安规》（电网建设部分）：11.2.6（ ）

答案：错误

197．导线、地线、钢丝绳等通过跨越架时，应用绝缘绳作引渡。引渡或牵引过程中，跨越架上必须有人。《安规》（电网建设部分）：11.2.7 （ ）

答案：错误

198．跨越档两端铁塔上的放线滑轮均应采取接地保护措施，放线前所有铁塔接地装置不必安装完毕并接地可靠。人力牵引跨越放线时，跨越档相邻两侧的施工导线、地线应接地。《安规》（电网建设部分）：11.2.8 （ ）

答案：错误

199．跨越不停电线路架线施工应在良好天气下进行，遇雷电、雨、雪、霜、雾，相对湿度大于85%或5级以上大风天气时，不必停止作业。如施工中遇到上述情况，则应将已展放好的网、绳加以安全保护。《安规》（电网建设部分）：11.2.9 （ ）

答案：错误

200．跨越档两端铁塔的附件安装应进行两道防护，采用包胶钢丝绳将导线圈住即可。《安规》（电网建设部分）：11.2.14（ ）

答案：错误

第五章

国家电网公司电力安全工作规程（电力监控部分）

第一节 选 择 题

1．在变（配）电站、发电厂等场所的电力监控系统工作，应同时遵守《国家电网公司电力安全工作规程》的（　　）等相应部分。《安规》（电力监控部分）：1.4

A．变电；B．配电；C．发电厂；D．变电、配电、发电厂。

答案：D

2．作业人员应具备必要的电力监控系统专业知识，掌握电力监控系统专业工作技能，按（　　），熟悉本规程，并经考试合格。《安规》（监控部分）：2.1.2

A．工作场所；B．工作性质；C．工作时间；D．工作内容。

答案：B

3．作业人员对本规程应（　　）考试一次。《安规》（监控部分）：2.1.3

A．每年；B．每半年；C．每两年；D．每个月。

答案：A

4．因故间断电力监控系统工作连续（　　）以上者，应重新学习本规程，并经考试合格后，方可恢复工作。《安规》（监控部分）：2.1.3

A．一个月；B．三个月；C．六个月；D．一年。

答案：C

5．（　　）应被告知其作业现场和工作岗位存在的安全风险、安全注意事项、事故防范措施及紧急处理措施。《安规》（监控部分）：2.1.6

A．作业人员；B．工作人员；C．所有人员；D．实习人员。

答案：A

6．电力监控系统作业现场的（　　）、安全设施和安全防护等应符合有关标准、规范的要求。《安规》（监控部分）：2.2.1

A．生产条件；B．工作环境；C．安全工器具；D．防护用品。

答案：A

7．现场使用的工器具、调试计算机（或其他专用设备）、存储设备、软件工具等应符合有关（　　）。《安规》（监控部分）：2.2.2

A．技术要求；B．要求；C．加密要求；D．认证要求。

答案：B

8．机房及相关设施应配备防水、防潮、防盗、防小动物、防静电等安全设施，应按规定对关键区域实施（　　）。《安规》（监控部分）：2.2.5

A．防水屏蔽；B．电磁屏蔽；C．物理隔离；D．防火隔离。

答案：B

9．设备、线缆应有清晰准确的标识，所有进出管孔应用（　　）严密封闭。《安规》（监控部分）：2.2.6

A．防水材料；B．防火材料；C．防静电材料；D．专用材料。

答案：B

10．现场勘察记录应同工作票一起至少保存（　　）。《安规》（监控部分）：3.2

A．三个月；B．六个月；C．一年；D．两年。

答案：C

11．工作票由工作负责人填写，也可由（　　）填写。《安规》（监控部分）：3.3.4.1

A．工作许可人；B．工作班成员；

C．工作票签发人；D．现场工作许可人。

答案：C

12．工作票应使用统一的票面格式，采用计算机生成、打印或手工方式填写，至少（　　）。《安规》（监控部分）：3.3.4.2

A．一份；B．一式两份；C．一式三份；D．一式四份。

答案：B

13．工作票由（　　）审核，电子或手工签名后方可执行。《安规》（监控部分）：3.3.4.3

A．工作许可人；B．现场工作许可人；

C．工作票签发人；D．工作负责人。

答案：C

14．工作票一份由工作负责人收执，另一份由（　　）收执。《安规》（监控部分）：3.3.5.2

A．工作票签发人；B．工作许可人；

C．工作班成员；D．小组负责人。

答案：A

15．需要变更工作班成员时，应经（　　）同意，在对新的工作班人员履行安全交底手续后，方可参与工作。《安规》（监控部分）：3.3.5.3

A．工作票签发人；B．工作许可人；

C．工作负责人；D．小组负责人。

答案：C

16．在工作票的安全措施范围内增加工作任务时，应征得（　　）同意，并在工作票上增加工作任务。《安规》（监控部分）：3.3.5.4

A．工作票签发人；B．工作许可人；

C．工作负责人；D．专责监护人。

答案：A

17．电力监控系统故障抢修时，工作票可不经工作票签发人书面签发，但应经（　　）同意，并在工作票备注栏中注明。《安规》（监控部分）：3.3.5.6

A．工作票签发人；B．工作许可人；

C．工作负责人；D．专责监护人。

答案：A

18．已终结的工作票及其他书面记录、录音应至少保存（　　）。《安规》（监控部分）：3.3.5.7

A．三个月；B．六个月；C．一年；D．两年。

答案：C

19．工作票的有效期，以批准的（　　）为限。《安规》（监控部分）：3.3.6.1

A．开工期；B．许可期；C．检修期；D．结束期。

答案：C

20．每张工作票只能延期（　　）。《安规》（监控部分）：3.3.6.2

A．不允许延期；B．一次；C．二次；D．三次。

答案：B

21．确认工作必要性和安全性是（　　）的安全责任。《安规》（监控部分）：3.3.8.1

A．工作票签发人；B．工作许可人；

C．工作班成员；D．工作负责人。

答案：A

22．检查工作票所列安全措施是否正确完备，是否符合现场实际条件是（　　）的安全责任。《安规》（监控部分）：3.3.8.2

A．工作票签发人；B．工作许可人；

C．工作班成员；D．工作负责人。

答案：D

23．正确使用工器具、调试计算机（或其他专用设备）、存储介质、软件工具等是（　　）的安全责任。《安规》（监控部分）：3.3.8.3

A．工作票签发人；B．工作许可人；

C．工作班成员；D．工作负责人。

答案：C

24．工作完成后，（　　）应删除工作过程中产生的临时数据、临时账号等内容，确认电力监控系统运行正常，清扫、整理现场，全体工作班人员撤离工作地点。《安规》（监控部分）：3.4.1

A．工作票签发人；B．工作班；

C．工作班成员；D．工作负责人。

答案：B

25．（　　）应向工作票签发人交待工作内容、发现的问题、验证结果和存在问题等，确认无遗留物件后方可办理工作终结手续。《安规》（监控部分）：3.4.2

A．工作班；B．工作许可人；

C．工作班成员；D．工作负责人。

答案：D

26．工作开始前，应对作业人员进行身份鉴别和（　　）。《安规》（监控部分）：4.2.1

A．授权；B．备份；C．验证；D．检查。

答案：A

27．授权应基于（　　）的原则。《安规》（监控部分）：4.2.2

A．权限最小化和权限分离；B．权限最小化和权限集中；

C．权限最大化和权限集中；D．权限最大化和权限分离。

答案：A

28．设备、业务系统接入生产控制大区或（　　）应经电力监控系统归口管理单位（部门）批准。《安规》（监控部分）：5.1

A．安全Ⅰ区；B．安全Ⅱ区；C．安全Ⅲ区；D．安全Ⅳ区。

答案：C

29．禁止除专用（　　）外的其他设备跨接生产控制大区和管理信息大区。《安规》（监控部分）：5.4

A．横向物理隔离装置；B．横向单向物理隔离装置；

C．横向双向物理隔离装置；D．纵向加密装置。

答案：B

30．禁止电力调度数字证书系统接入（　　）。《安规》（监控部分）：5.5

A．内网；B．外网；C．专用网络；D．任何网络。

答案：D

31．禁止直接通过（　　）更新安全设备特征库、防病毒软件病毒库。《安规》（监控部分）：5.8

A．内网；B．安全优盘；C．专用网络；D．互联网。

答案：D

32．需停电检修的电力监控设备，应将设备退出运行、断开外部电源连接、断开网络连接，并做好（　　）。《安规》（监控部分）：5.13

A．防静电措施；B．防触电措施；C．绝缘措施；D．记录。

答案：A

33．更换电力监控设备的热插拔部件、内部板卡等配件时，应做好（　　）。《安规》（监控部分）：5.14

A．防静电措施；B．防触电措施；C．绝缘措施；D．记录。

答案：A

34．工作过程中需对设备部分参数进行临时修改，应做好修改前后相应（　　），工作结束前应恢复被临时修改的参数。《安规》（监控部分）：5.15

A．授权；B．备份；C．验证；D．记录。

答案：D

35．在电力监控系统上进行（　　）时，应通知被控制设备的运维人员和其他有关人员。《安规》（监控部分）：5.16

A．检修试验；B．故障处理；C．传动试验；D．巡视巡查。

答案：C

36．巡视时不得改变电力监控系统和机房动力环境设备的运行状态。发现异常问题时，应立即报告（　　）。《安规》（监控部分）：6.1

A．电力监控系统运维单位（部门）；

B．业务主管部门（业务归口管理部门）；

C．公司；

D．相关部门。

答案：A

37．电力监控系统的配置文件、业务数据等应定期备份，备份的数据宜定期进行（　　）。《安规》（监控部分）：6.2

A．授权；B．备份；C．验证；D．记录。

答案：C

38．业务数据的导入导出应经（　　）批准，导出后的数据应妥善保管。《安规》（监控部分）：6.3

A．电力监控系统运维单位（部门）；

B．业务主管部门（业务归口管理部门）；

C．公司；

D．相关部门。

答案：B

39．操作系统或业务系统遭到非法入侵时应及时修改（　　）密码。《安规》（监控部分）：6.5

A．网管维护员；B．系统管理员；

C．业务配置人员；D．数据库管理员。

答案：B

40．系统投运前应及时修改（　　）密码。《安规》（监控部分）：6.5

A．网管维护员；B．系统管理员；

C．业务配置人员；D．数据库管理员。

答案：B

41．数据库管理员变化应及时修改（　　）密码。《安规》（监控部分）：6.6

A．网管维护员；B．系统管理员；

C．业务配置人员；D．数据库管理员。

答案：D

42．数据库管理员密码泄露应及时修改（　　）密码。《安规》（监控部分）：6.6

A．网管维护员；B．系统管理员；

C．业务配置人员；D．数据库管理员。

答案：D

43．清扫电力监控系统运行设备应使用（　　），并防止振动和误碰。《安规》（监控部分）：6.7

A．合格工具；B．防静电工具；

C．绝缘工具；D．专用工具。

答案：C

44．网络与安全设备配置变更工作前，应（　　）设备配置参数。《安规》（监控部分）：7.2

A．授权；B．备份；C．验证；D．记录。

答案：B

45．在安全设备进行工作时，严禁绕过（　　）将两侧网络直连。《安规》（监控部分）：7.3

A．网管系统；B．安全设备；C．隔离装置；D．加密装置。

答案：B

46．网络和安防设备配置协议及策略应遵循（　　）。《安规》（监控部分）：7.4

A．最小化原则；B．最简化原则；

C．最大化原则；D．安全原则。

答案：A

47．新增、更换非热插拔部件前，应（　　）设备型号、参数。《安规》（监控部分）：8.2

A．授权；B．备份；C．验证；D．核对。

答案：D

48．升级操作系统版本前，应确认其（　　）及对业务系统的影响。《安规》（监控部分）：8.3

A．安全性；B．冗余性；C．兼容性；D．可操作性。

答案：C

49．（　　）更换硬件、升级软件、变更配置文件时，存在冗余设备的，应先在备用设备上修改和调试，经测试无误后，再在其他设备上修改和调试，并核对主备机参数的一致性。《安规》（监控部分）：8.5

A．主机；B．存储设备；C．控制台；D．远程终端。

答案：A

50．数据库的主机操作系统中应设置管理本地数据库的专用账号，并仅赋予该账号（　　）服务的权限。《安规》（监控部分）：9.1

A．管理数据库；B．启停数据库；

C．修改数据库；D．删除数据库。

答案：B

51．数据库升级和配置变更前，应（　　）数据文件、日志文件、控制文件和配置文件。《安规》（监控部分）：9.4

A．授权；B．备份；C．验证；D．核对。

答案：B

52．在数据库上工作结束前，应（　　）相关的业务系统运行正常。《安规》（监控部分）：9.6

A．授权；B．备份；C．验证；D．核对。

答案：C

53．裸露电缆线头应做（　　）。《安规》（监控部分）：11.1.3

A．绑扎处理；B．包裹处理；C．绝缘处理；D．短接处理。

答案：C

54．拆除蓄电池连接铜排或线缆应使用经（　　）的工器具。《安规》（监控部分）：11.3.2

A．防感应电处理；B．防静电处理；C．绝缘处理；D．专用。

答案：C

55．蓄电池组接入电源前，应确认蓄电池组正负极性与（　　）直流输出正负极性对应，蓄电池组电压与整流器直流输出电压相匹配。《安规》（监控部分）：11.3.3

A．旁路检修开关；B．整流器；

C．逆变器；D．静态旁路开关。

答案：B

56．测控装置更换硬件、升级软件时，应（　　）相关参数，更换或升级后，应恢复原参数设置，并经测试无误后方可投入运行。《安规》（监控部分）：12.1.2

A．授权；B．备份；C．验证；D．记录。

答案：D

57．通信网关机（　　）时，应对原软件版本、配置文件及参数、信息点表进行备份。《安规》（监控部分）：12.2.1

A．更换硬件；B．升级软件；

C．变更信息点表及配置文件；D．以上都对。

答案：D

58．通信网关机的（　　）等升级或变更时，应先在备用设备上修改和调试，经测试无误后，再在另一设备上修改和调试，并核对主备机参数的一致性。《安规》（监控部分）：12.2.2

A．通信规约；B．信息点表；C．配置文件；D．以上都对。

答案：D

59．在通信网关机上工作结束前，应与相关调控机构核对（　　）正常。《安规》（监控部分）：12.2.4

A．业务；B．数据；C．通信；D．以上都对。

答案：A

60．控制保护系统的故障处理或检修应在“（　　）”状态且相应出口压板退出的状况下进行。《安规》（监控部分）：12.3.4

A．检修；B．试验；C．故障；D．运行。

答案：B

61．直流控制保护软件升级应由（　　）全程监护，并执行复诵制度。《安规》（监控部分）：12.3.7

A．专责监护人；B．工作许可人；

C．小组负责人；D．工作负责人。

答案：D

62．同步相量测量装置（　　）时，应备份原软件版本、配置文件及参数、信息点表。《安规》（监控部分）：12.4.1

A．更换硬件；B．升级软件；

C．变更信息点表及配置文件；D．以上都对。

答案：D

63．同步相量测量装置使用的信息点表应经相应（　　）审核通过。《安规》（监控部分）：12.4.2

A．运维单位；B．检修单位；

C．调控机构；D．信息部门。

答案：C

64．在同步相量测量装置上工作结束前，应与相关（　　）核对业务正常。《安规》（监控部分）：12.4.4

A．运维单位；B．业务部门；C．调控机构；D．信息部门。

答案：C

65．在配电终端上工作结束前，应与相关（　　）核对业务正常。《安规》（监控部分）：13.3

A．运维单位；B．配电主站；C．调控机构；D．信息部门。

答案：B

第二节　判　断　题

1．为加强电力监控系统作业现场安全管理，规范各类作业人员的行为，保证电力监控系统业务及数据安全，依据国家有关法律、法规，结合电力监控系统作业实际，制定国家电网公司电力安全工作规程。《安规》(电力监控部分)：1.1 ( )

答案：正确

2．国家电网有限公司电力安全工作规程适用于国家电网公司系统各单位运行中的电力监控系统及相关场所，其他相关系统不可参照执行。《安规》(电力监控部分)：1.2 ( )

答案：错误

3．从事电力监控系统相关工作的所有人员应适当遵守本规程。《安规》(电力监控部分)：1.3 ( )

答案：错误

4．电力通信和信息专业人员在电力监控系统相关场所从事各自专业工作，可执行《国家电网公司电力安全工作规程》的各自专业部分。《安规》(电力监控部分)：1.5 ( )

答案：正确

5．各单位可根据实际情况制定本规程的实施细则，经本单位批准后执行。《安规》(电力监控部分)：1.8 ( )

答案：正确

6．经医师鉴定，作业人员应无妨碍工作的病症。《安规》(电力监控部分)：2.1.1 ( )

答案：正确

7．作业人员对本规程应每半年考试一次。因故间断电力监控系统工作连续六个月以上者，应重新学习本规程，并经考试合格后，方可恢复工作。《安规》(电力监控部分)：2.1.3 ( )

答案：错误

8．参与公司系统所承担电力监控系统工作的外来作业人员应熟悉本规程，如考试合格，就可参加工作。《安规》(电力监控部分)：2.1.4 ( )

答案：错误

9．新参加工作的人员、实习人员和临时参加工作的人员（管理人员、非全日制用工等），应经过电力监控系统安全知识教育后，方可参加指定的工作。《安规》（电力监控部分）：2.1.5　（　）

答案：正确

10．作业人员应被告知其作业现场和工作岗位存在的安全注意事项、事故防范及紧急处理措施。《安规》（电力监控部分）：2.1.6　（　）

答案：错误

11．电力监控系统作业现场的生产条件、安全设施和安全防护等应符合有关标准、规范的要求。《安规》（电力监控部分）：2.2.1　（　）

答案：正确

12．现场使用的工器具、调试计算机（或其他专用设备）、存储设备、软件工具等应符合有关要求。《安规》（电力监控部分）：2.2.2　（　）

答案：正确

13．作业现场的照明、温度、湿度、安防及消防系统无须符合有关标准、规范的要求。《安规》（电力监控部分）：2.2.3（　）

答案：错误

14．机房及相关设施的防雷及接地性能，应符合有关标准、规范的要求。《安规》（电力监控部分）：2.2.4　（　）

答案：正确

15．机房及相关设施应配备防水、防潮、防盗、防小动物、防静电等安全设施，应按规定对所有区域实施电磁屏蔽。《安规》（电力监控部分）：2.2.5　（　）

答案：错误

16．设备、线缆应有清晰准确的标识，所有进出管孔应用防火材料严密封闭。《安规》（电力监控部分）：2.2.6　（　）

答案：正确

17．现场勘察记录应同工作票一起至少保存五年。《安规》(电力监控部分)：3.2 （ ）

答案：错误

18．电力监控工作票应包含工作负责人、工作班人员、工作地点、工作内容、计划工作时间、安全措施、工作票签发手续、现场交底签名、工作票延期手续、工作终结手续等工作票主要要素。《安规》(电力监控部分)：3.3.1.1 （ ）

答案：正确

19．一张工作票中，工作票签发人与工作负责人可以互相兼任。《安规》(电力监控部分)：3.3.4.4 （ ）

答案：错误

20．书面记录指工单、工作记录、巡视记录等。《安规》(电力监控部分)：3.3.3.1 （ ）

答案：正确

21．按口头、电话命令执行的工作应留有录音或书面派工记录。《安规》(电力监控部分)：3.3.3.2 （ ）

答案：正确

22．工作票由工作负责人填写，不可由工作票签发人填写。《安规》(电力监控部分)：3.3.4.1 （ ）

答案：错误

23．工作票由工作票签发人审核，电子或手工签名后方可执行。《安规》(电力监控部分)：3.3.4.3 （ ）

答案：正确

24．一个工作负责人可以同时执行多张电力监控工作票。《安规》(电力监控部分)：3.3.5.1 （ ）

答案：错误

25．工作票有破损不能继续使用时，应办理新的工作票。《安规》(电力监控部分)：3.3.5.5 （ ）

答案：正确

26．电力监控系统故障抢修时，工作票可不经工作票签发人书面签发，但应经工作票签发人同意，并在工作票备注栏中注明。《安规》（电力监控部分）：3.3.5.6　（　）

答案：正确

27．已终结的工作票及其他书面记录、录音应至少保存两年。《安规》（电力监控部分）：3.3.5.7　（　）

答案：错误

28．办理工作票延期手续，应在工作票的有效期内，由工作负责人向工作票签发人提出申请，得到工作票签发人同意后方能办理。每张工作票可以延期两次。《安规》（电力监控部分）：3.3.6.2　（　）

答案：错误

29．工作终结报告应按当面报告和电话报告方式进行。《安规》（电力监控部分）：3.4.3　（　）

答案：正确

30．工作开始前，应对作业人员进行身份鉴别和授权。《安规》（电力监控部分）：4.2.1　（　）

答案：正确

31．授权应基于权限最小化和权限分离的原则。《安规》（电力监控部分）：4.2.2　（　）

答案：正确

32．工作开始时不用备份可能受到影响的程序、配置文件、运行参数、运行数据和日志文件等。《安规》（电力监控部分）：4.3　（　）

答案：错误

33．工作开始时不用检查工作对象及受影响对象的运行状态。《安规》（电力监控部分）：4.4.1　（　）

答案：错误

34．在冗余系统（双/多机、双/多节点、双/多通道或双/多电源）中将检修设备切换成非主用状态时，应确认其余主机、节点、通道或电源正常运行。《安规》（电力监控部分）：4.4.2　（　）

答案：正确

35．设备、业务系统可不经批准，直接接入生产控制大区或安全Ⅲ区。《安规》（电力监控部分）：5.1　（　）

答案：错误

36．生产控制大区拨号访问和远程运维业务应经电力监控系统归口管理单位（部门）批准方可实施，服务器和用户端均应使用经国家指定部门认证的安全加固的操作系统并采取加密、认证和访问控制等安全防范措施。《安规》（电力监控部分）：5.2　（　）

答案：正确

37．电力监控系统上工作应使用专用的调试计算机及移动存储介质，调试计算机必须接入外网。《安规》（电力监控部分）：5.3　（　）

答案：错误

38．除专用横向单向物理隔离装置外的其他设备可以跨接生产控制大区和管理信息大区。《安规》（电力监控部分）：5.4（　）

答案：错误

39．禁止电力调度数字证书系统接入任何网络。《安规》（电力监控部分）：5.5　（　）

答案：正确

40．禁止在电力监控系统中安装未经安全认证的软件。《安规》（电力监控部分）：5.6　（　）

答案：正确

41．禁止在电力监控系统运行环境中进行新设备研发及测试工作。《安规》（电力监控部分）：5.7　（　）

答案：正确

42．可以通过互联网更新安全设备特征库、防病毒软件病毒库。《安规》（电力监控部分）：5.8　（　）

答案：错误

43．电力监控系统投运前，无须删除临时账号、临时数据，并修改系统默认账号和默认口令。《安规》（电力监控部分）：5.9（　　）

答案：错误

44．电力监控系统设备变更用途或退役，应擦除或销毁其中数据。《安规》（电力监控部分）：5.10（　　）

答案：正确

45．电力监控系统的过期账号及其权限应及时注销或调整。《安规》（电力监控部分）：5.11（　　）

答案：正确

46．在电力监控系统上进行板件更换、软件升级、配置修改等工作前，应更改型号、规格及软件版本信息等。《安规》（电力监控部分）：5.12（　　）

答案：错误

47．需停电检修的电力监控设备，不可将设备退出运行、断开外部电源连接、断开网络连接，并做好防静电措施。《安规》（电力监控部分）：5.13（　　）

答案：错误

48．更换电力监控设备的热插拔部件、内部板卡等配件时，应做好防静电措施。《安规》（电力监控部分）：5.14（　　）

答案：正确

49．工作过程中需对设备部分参数进行临时修改，应做好修改前后相应记录，工作结束前应恢复被临时修改的参数。《安规》（电力监控部分）：5.15（　　）

答案：正确

50．在电力监控系统上进行传动试验时，应通知被控制设备的运维人员和其他有关人员，并由工作负责人或由其指派专人到现场监视，且做好防误控等安全措施后，方可进行。《安规》（电

力监控部分）：5.16（ ）

答案：正确

51．巡视时不得改变电力监控系统和机房动力环境设备的运行状态。发现异常问题时，应立即拨打电话 95598。《安规》（电力监控部分）：6.1（ ）

答案：错误

52．电力监控系统的配置文件、业务数据等应定期备份，备份的数据宜定期进行验证。《安规》（电力监控部分）：6.2（ ）

答案：正确

53．业务数据的导入导出无须经业务主管部门（归口管理部门）批准，导出后的数据应妥善保管。《安规》（电力监控部分）：6.3（ ）

答案：错误

54．电力监控系统账号的密码应满足口令强度要求。《安规》（电力监控部分）：6.4（ ）

答案：正确

55．清扫电力监控系统运行设备应使用绝缘工具，并防止振动和误碰。《安规》（电力监控部分）：6.7（ ）

答案：正确

56．运行中发现危及电力监控系统和数据安全的紧急情况时，应采取紧急措施，并立即报告。《安规》（电力监控部分）：6.8（ ）

答案：正确

57．出现下列情况时，应及时修改系统管理员密码：

a）系统投运后。

b）操作系统或业务系统遭到非法入侵。

c）系统管理人员变化。

d）系统管理账号、密码泄露。

《安规》（电力监控部分）：6.5（ ）

答案：错误

58．出现下列情况时，应及时修改数据库管理员密码：

a）数据库投运后。

b）数据库系统或相关的应用系统遭到非法入侵。

c）数据库管理员变化。

d）数据库管理员密码泄露。《安规》（电力监控部分）：6.6 （　　）

答案：错误

59．网络与安全设备停运、断网、重启操作前，应确认该设备所承载的业务可停用或已转移。《安规》（电力监控部分）：7.1（　　）

答案：正确

60．网络与安全设备配置变更工作前，应重置设备配置参数。《安规》（电力监控部分）：7.2 （　　）

答案：错误

61．在安全设备进行工作时，严禁绕过安全设备将两侧网络直连。《安规》（电力监控部分）：7.3 （　　）

答案：正确

62．网络和安防设备配置协议及策略应遵循最小化原则。《安规》（电力监控部分）：7.4 （　　）

答案：正确

63．在主机与存储设备工作前，应删除设备的业务系统软件、业务数据、配置参数等。《安规》（电力监控部分）：8.1 （　　）

答案：错误

64．新增、更换非热插拔部件前，应备份设备型号、参数。《安规》（电力监控部分）：8.2 （　　）

答案：错误

65．升级操作系统版本前，应确认其兼容性及对业务系统的影响。《安规》（电力监控部分）：8.3 （　　）

答案：正确

66. 杀毒软件进行更新和升级时，一定不影响操作系统及业务系统的功能。《安规》(电力监控部分)：8.4 (　　)

答案：错误

67. 主机更换硬件、升级软件、变更配置文件时，存在冗余设备的，应先在备用设备上修改和调试，经测试无误后，再在其他设备上修改和调试，并核对主备机参数的一致性。工作结束前，应验证主机设备上承载的业务系统运行正常。《安规》(电力监控部分)：8.5 (　　)

答案：正确

68. 存储设备更换硬件、扩充容量、升级软件、变更参数等工作前，应确认所承载业务可停用或已转移。工作结束前，应验证存储设备上承载的业务系统运行正常。《安规》(电力监控部分)：8.6 (　　)

答案：正确

69. 通过控制台或远程终端进行作业时，应输入账号和密码，禁止使用互信登录、保存密码等方式免密登录。《安规》(电力监控部分)：8.7 (　　)

答案：正确

70. 通过控制台或远程终端进行作业时，禁止输入账号和密码，禁止使用互信登录、保存密码等方式免密登录。《安规》(电力监控部分)：8.7 (　　)

答案：错误

71. 数据库的主机操作系统中应设置管理本地数据库的专用账号，并仅赋予该账号更新数据库服务的权限。《安规》(电力监控部分)：9.1 (　　)

答案：错误

72. 数据库应设置、开启用户连接数限制。数据库用户变更后，应变更相应的数据库账号权限。《安规》(电力监控部分)：9.2 (　　)

答案：错误

73．数据库版本升级前应测试数据库与操作系统和业务系统间的兼容性。《安规》（电力监控部分）：9.3　（　）

答案：正确

74．数据库升级和配置变更前，应备份数据文件、日志文件、控制文件和配置文件。《安规》（电力监控部分）：9.4　（　）

答案：正确

75．停运或重启数据库前，应确认所承载的业务已全部停用或已转移。《安规》（电力监控部分）：9.5　（　）

答案：错误

76．在数据库上工作结束前，应验证相关的业务系统运行正常。《安规》（电力监控部分）：9.6　（　）

答案：正确

77．业务系统升级或配置更改前，宜进行功能、性能、安全、兼容等方面的备份。《安规》（电力监控部分）：10.1　（　）

答案：错误

78．业务系统升级或配置更改前，应备份业务系统软件和配置文件。《安规》（电力监控部分）：10.2　（　）

答案：正确

79．业务系统升级或配置更改后，应验证业务系统运行正常，方可投入运行。《安规》（电力监控部分）：10.3　（　）

答案：正确

80．业务系统退役后，所有业务数据应销毁。《安规》（电力监控部分）：10.4　（　）

答案：错误

81．新增负载前，应核查电源负载能力。《安规》（电力监控部分）：11.1.1　（　）

答案：正确

82．拆接负载电缆前，应断开相应负载的电源输出开关。《安

规》(电力监控部分): 11.1.2　(　)

答案：正确

83. 裸露电缆线头应做绝缘处理。《安规》(电力监控部分): 11.1.3　(　)

答案：正确

84. 直流开关或熔断器未断开前，可以断开蓄电池之间的连接。《安规》(电力监控部分): 11.3.1　(　)

答案：错误

85. 拆除蓄电池连接铜排或线缆不得使用经绝缘处理的工器具。《安规》(电力监控部分): 11.3.2　(　)

答案：错误

86. 测控装置更换硬件、升级软件时，应记录相关参数，更换或升级后，应恢复原参数设置，并经测试无误后方可投入运行。《安规》(电力监控部分): 12.1.2　(　)

答案：正确

87. 测控装置检验工作开始前，应投入装置检修压板，封锁上传数据。检验工作结束后，应退出检修压板，恢复上传数据。《安规》(电力监控部分): 12.1.3　(　)

答案：正确

88. 工作结束前，无须与相关调控机构核对业务正常。《安规》(电力监控部分): 12.1.4　(　)

答案：错误

89. 通信网关机使用的信息点表应经相应调控机构审核通过。《安规》(电力监控部分): 12.2.3　(　)

答案：正确

90. 设备运行期间，可以打开直流控制保护屏柜门时使用无线通信设备。《安规》(电力监控部分): 12.3.1　(　)

答案：错误

91. 控制保护系统的故障处理或检修应在“试验”状态且相

应出口压板运行的状况下进行。《安规》（电力监控部分）：12.3.4　（　）

答案：错误

92．任何未经安全检查和许可的各类网络终端和存储设备都可以接入控制保护系统。《安规》（电力监控部分）：12.3.5（　）

答案：错误

93．直流控制保护软件检修前，应关闭并清空原软件和配置。《安规》（电力监控部分）：12.3.6　（　）

答案：错误

94．同步相量测量装置使用的信息点表应经相应调控机构审核通过。《安规》（电力监控部分）：12.4.2　（　）

答案：正确

95．接入常规电流、电压互感器的同步相量测量装置在进行带电拆装、调试及定检工作时，应将装置的电压端子开路、电流端子短接。《安规》（电力监控部分）：12.4.3　（　）

答案：正确

96．工作结束前，应与相关调控机构核对业务正常。《安规》（电力监控部分）：12.4.4　（　）

答案：正确

97．配电终端更换硬件、升级软件时，应恢复相关参数，更换或升级后，应记录原参数设置，并经测试无误后方可投入运行。《安规》（电力监控部分）：13.1　（　）

答案：错误

98．配电终端检验工作开始前，应投入装置检修压板，封锁上传数据。检验工作结束后，应退出检修压板，恢复上传数据。《安规》（电力监控部分）：13.2　（　）

答案：正确

99．时间同步装置更换硬件、升级软件时，禁止将本设备设置为备用状态，更换或升级完成，经测试无误后方可投入运行。《安

规》(电力监控部分):14.1 (　　)

答案:错误

100．工作结束前,应核对被授时设备对时功能正常。《安规》(电力监控部分):14.2 (　　)

答案:正确

第六章

国家电网公司电力安全工作规程（电力通信部分）

第一节　选　择　题

1．作业人员对本规程应每年考试一次。因故间断电力通信工作连续（　　）以上者，应重新学习本规程，并经考试合格后，方可恢复工作。《安规》（通信部分）：2.1.3

A．一个月；B．二个月；C．三个月；D．六个月。

答案：D

2．（　　）应被告知其作业现场和工作岗位存在的安全风险、安全注意事项、事故防范措施及紧急处理措施。《安规》（通信部分）：2.1.6

A．作业人员；B．工作人员；C．所有人员；D．实习人员。

答案：A

3．电力通信工作票由工作负责人填写，也可由（　　）填写。《安规》（通信部分）：3.2.4.1

A．工作许可人；B．工作班成员；

C．工作票签发人；D．现场工作许可人。

答案：C

4．电力通信工作票应使用统一的票面格式，采用计算机生成、打印或手工方式填写，至少（　　）。《安规》（通信部分）：3.2.4.2

A．一份；B．一式两份；C．一式三份；D．一式四份。

答案：B

5．电力通信工作票由（　　）审核，电子或手工签名后方可执行。《安规》（通信部分）：3.2.4.3

A．工作许可人；B．现场工作许可人；

C．工作票签发人；D．工作负责人。

答案：C

6．使用电力通信工作票时，一份应保存在工作地点，由工作负责人收执，另一份由（　　）收执。《安规》(通信部分)：3.2.4.4

A．工作许可人；B．现场工作许可人；

C．工作票签发人；D．工作班成员。

答案：A

7．一张电力通信工作票中，（　　）与工作负责人不得互相兼任。《安规》(通信部分)：3.2.4.5

A．工作许可人；B．专责监护人；

C．工作票签发人；D．工作班成员。

答案：A

8．一个（　　）不能同时执行多张电力通信工作票。《安规》(通信部分)：3.2.5.1

A．工作许可人；B．专责监护人；

C．工作票签发人；D．工作负责人。

答案：D

9．在变（配）电站、发电厂、电力线路之外的其他场所开展电力通信工作时，在安全措施可靠、不会误碰其他运行设备和线路的情况下，经（　　）同意可以单人工作。《安规》(通信部分)：3.2.5.2

A．工作许可人；B．专责监护人；

C．工作票签发人；D．工作负责人。

答案：C

10．需要变更工作班成员时，应经（　　）同意，在对新的作业人员履行安全交底手续后，方可参与工作。《安规》(通信部分)：3.2.5.3

A．工作许可人；B．专责监护人；

C．工作票签发人；D．工作负责人。

答案：D

11．（　　）一般不得变更，如确需变更的，应由原工作票签发人同意并通知工作许可人。《安规》（通信部分）：3.2.5.3

A．工作许可人；B．专责监护人；

C．工作票签发人；D．工作负责人。

答案：D

12．在应填用电力通信工作票的范围内进行通信故障紧急抢修时，填用电力通信工作票，电力通信工作票可不经书面签发，但应经（　　）同意，并在工作票备注栏中记录。《安规》（通信部分）：3.2.5.6

A．工作许可人；B．专责监护人；

C．工作票签发人；D．工作负责人。

答案：C

13．已执行的电力通信工作票至少应保存（　　）。《安规》（通信部分）：3.2.5.7

A．三个月；B．半年；C．一年；D．两年。

答案：C

14．电力通信工作票的有效期，以批准的（　　）为限。《安规》（通信部分）：3.2.6.1

A．开工时间；B．许可时间；

C．检修时间；D．结束时间。

答案：C

15．办理电力通信工作票延期手续，应在电力通信工作票的有效期内，由工作负责人向（　　）提出申请，得到同意后给予办理。《安规》（通信部分）：3.2.6.2

A．工作许可人；B．专责监护人；

C．工作票签发人；D．调控中心。

答案：A

16．（　　）应由熟悉作业人员技术水平、熟悉相关电力通信系统情况、熟悉本规程，并具有相关工作经验的领导人员、技术人员或经电力通信运维单位批准的人员担任，名单应公布。《安规》（通信部分）：3.2.7.1

A．工作许可人；B．专责监护人；

C．工作票签发人；D．工作负责人。

答案：C

17．（　　）应由有本专业工作经验，熟悉工作范围内电力通信系统情况、熟悉本规程、熟悉工作班成员工作能力，并经电力通信运维部门批准的人员担任，名单应公布。《安规》（通信部分）：3.2.7.2

A．工作许可人；B．专责监护人；

C．工作票签发人；D．工作负责人。

答案：D

18．（　　）应由有一定工作经验、熟悉工作范围内电力通信系统情况、熟悉本规程，并经电力通信运维部门批准的人员担任，名单应公布。《安规》（通信部分）：3.2.7.3

A．工作许可人；B．专责监护人；

C．工作票签发人；D．工作负责人。

答案：A

19．许可开始工作的命令应通知（　　）。《安规》（通信部分）：3.3.3

A．工作许可人；B．专责监护人；

C．工作票签发人；D．工作负责人。

答案：D

20．采取（　　）的工作票，工作所需安全措施可由工作人员自行布置，安全措施布置完成后应汇报工作许可人。《安规》（通信部分）：3.3.3.2

A．当面许可；B．电话许可；

C．短信许可；D．派人送达许可。

答案：B

21．工作结束后，工作负责人应向（　　）交待工作内容、发现的问题和存在问题等。《安规》（通信部分）：3.4.2

A．工作许可人；B．专责监护人；

C．工作票签发人；D．工作班成员。

答案：A

22．授权应基于（　　）的原则。《安规》（通信部分）：4.2.2

A．权限最小化和权限分离；B．权限最小化和权限集中；

C．权限最大化和权限集中；D．权限最大化和权限分离。

答案：A

23．电力通信网管巡视时应采用具有（　　）级别的账号登录。《安规》（通信部分）：5.3

A．网管维护员；B．系统管理员；

C．业务配置人员；D．数据库管理员。

答案：A

24．安装电力通信设备前，宜对机房作业现场基本条件、电力通信电源负载能力等是否符合（　　）进行现场勘察。《安规》（通信部分）：6.1

A．运行要求；B．安全要求；C．技术要求；D．配置要求。

答案：B

25．拔插设备板卡时，应做好（　　）。《安规》（通信部分）：6.3

A．防静电措施；B．防触电措施；C．绝缘措施；D．记录。

答案：A

26．电力通信设备除尘应使用（　　）的工器具和材料。《安规》（通信部分）：6.4

A．合格；B．符合要求；C．绝缘；D．专用。

答案：A

27．在更换存储有运行数据的板件时，应先（　　）运行数

据。《安规》(通信部分): 6.7

A. 授权; B. 备份; C. 验证; D. 同步。

答案: B

28. 业务通道投退时，应及时更新(　　)和相关资料。《安规》(通信部分): 6.8

A. 业务标识; B. 业务标签;

C. 业务标识标签; D. 业务标签标识。

答案: C

29. 使用尾纤自环光口，发光功率(　　)时，应串入合适的衰耗(减)器。《安规》(通信部分): 6.9

A. 过大; B. 过小; C. 不稳定; D. 恒定。

答案: A

30. 敷设电力通信光缆前，宜对光缆路由走向、敷设位置、接续点环境、配套金具等是否符合(　　)进行现场勘察。《安规》(通信部分): 7.1

A. 运行要求; B. 安全要求; C. 技术要求; D. 配置要求。

答案: B

31. 电力通信网管检修工作开始前，应对可能受到影响的配置数据、应用数据等进行(　　)。《安规》(通信部分): 8.2

A. 授权; B. 备份; C. 验证; D. 同步。

答案: B

32. 电力通信网管切换试验前，应做好数据(　　)。《安规》(通信部分): 8.3

A. 授权; B. 备份; C. 验证; D. 同步。

答案: D

33. 检修过程中发生数据异常或丢失，应进行(　　)。《安规》(通信部分): 8.4

A. 恢复操作; B. 备份操作; C. 找回操作; D. 验证操作。

答案: A

34. 电力通信网管的数据备份应使用（ ）的外接存储设备。《安规》(通信部分): 8.8

A. 合格；B. 符合要求；C. 加密；D. 专用。

答案: D

第二节 判 断 题

1. 从事电力通信相关工作的所有人员应严格遵守国家电网公司电力安全工作规程。《安规》(电力通信部分): 1.3 （ ）

答案: 正确

2. 在变（配）电站、发电厂、电力线路等场所的电力通信工作，应同时遵守《国家电网公司电力安全工作规程》的变电、配电、线路等相应部分。《安规》(电力通信部分): 1.4 （ ）

答案: 正确

3. 信息专业和电力监控专业人员在电力通信场所从事各自专业工作，可执行本专业的安全工作规程。《安规》(电力通信部分): 1.5 （ ）

答案: 正确

4. 任何人发现有违反国家电网公司电力安全工作规程的情况，应立即制止，经纠正后方可恢复作业。《安规》(电力通信部分): 1.6 （ ）

答案: 正确

5. 作业人员不得拒绝违章指挥和强令冒险作业。《安规》(电力通信部分): 1.6 （ ）

答案: 错误

6. 在发现危及电力通信系统安全的紧急情况时，应立即报告，但不得停止作业。《安规》(电力通信部分): 1.6 （ ）

答案: 错误

7. 试验和推广电力通信新技术，在制定了相应的安全措施

后，即可执行。《安规》(电力通信部分)：1.7 (　　)

答案：错误

8．各单位不得根据实际情况制定国家电网公司电力安全工作规程的实施细则。《安规》(电力通信部分)：1.8 (　　)

答案：错误

9．经医师鉴定，作业人员应无妨碍工作的病症。《安规》(电力通信部分)：2.1.1 (　　)

答案：正确

10．作业人员无须具备必要的电力通信专业知识，只要掌握电力通信专业工作技能就可以。《安规》(电力通信部分)：2.1.2 (　　)

答案：错误

11．作业人员对本规程应每半年考试一次。因故间断电力通信工作连续六个月以上者，应重新学习本规程，并经考试合格后，方可恢复工作。《安规》(电力通信部分)：2.1.3 (　　)

答案：错误

12．参与公司系统所承担通信工作的外来作业人员无须熟悉本规程，只要经电力通信运维单位（部门）认可后，就可参加工作。《安规》(电力通信部分)：2.1.4 (　　)

答案：错误

13．新参加工作的人员、实习人员和临时参加工作的人员(管理人员、非全日制用工等）应经过电力通信安全知识教育后，方可参加指定的工作。《安规》(电力通信部分)：2.1.5 (　　)

答案：正确

14．作业人员应被告知其作业现场和工作岗位存在的安全风险、安全注意事项、事故防范措施及紧急处理措施。《安规》(电力通信部分)：2.1.6 (　　)

答案：正确

15．电力通信作业现场的生产条件和安全设施等应符合有关

标准、规范的要求。《安规》（电力通信部分）：2.2.1 （ ）

答案：正确

16．现场使用的仪器仪表、工器具等应符合有关安全要求。《安规》（电力通信部分）：2.2.2 （ ）

答案：正确

17．国家电网公司总（分）部、省电力公司、地市供电公司、县供电公司本部和县供电公司以上电力调控（分）中心电力通信站的传输设备、调度交换设备、行政交换设备、通信路由器、通信电源、会议电视 MCU、频率同步设备的检修工作。应填用电力通信工作票。《安规》（电力通信部分）：3.2.2 （ ）

答案：正确

18．国家电网公司总（分）部、省电力公司、地市供电公司、县供电公司本部和县供电公司以上电力调控（分）中心电力通信站内和出局独立电力通信光缆的检修工作。不用填用电力通信工作票。《安规》（电力通信部分）：3.2.2 （ ）

答案：错误

19．电力通信站通信网管升级、主（互）备切换的检修工作。不用填用电力通信工作票。《安规》（电力通信部分）：3.2.2（ ）

答案：错误

20．变电站、发电厂等场所的通信传输设备、通信路由器、通信电源、站内通信光缆的检修工作。不用填用电力通信工作票。《安规》（电力通信部分）：3.2.2 （ ）

答案：错误

21．不随一次电力线路敷（架）设的骨干通信光缆检修工作。不用填用电力通信工作票。《安规》（电力通信部分）：3.2.2（ ）

答案：错误

22．不需填用电力通信工作票的通信工作，应使用其他书面记录或按口头、电话命令执行。《安规》（电力通信部分）：3.2.3（ ）

答案：正确

23．书面记录指工作记录、巡视记录等。《安规》（电力通信部分）：3.2.3.1 （ ）

答案：正确

24．按口头、电话命令执行的工作不用留录音或书面记录。《安规》（电力通信部分）：3.2.3.2 （ ）

答案：错误

25．电力通信工作票由工作负责人填写，不可由工作票签发人填写。《安规》（电力通信部分）：3.2.4.1 （ ）

答案：错误

26．电力通信工作票应使用统一的票面格式，采用计算机生成、打印或手工方式填写，至少一式两份。采用手工填写时，应使用黑色或蓝色的钢（水）笔或圆珠笔填写与签发。工作票编号应连续。《安规》（电力通信部分）：3.2.4.2 （ ）

答案：正确

27．电力通信工作票由工作票签发人审核，电子或手工签名后方可执行。《安规》（电力通信部分）：3.2.4.3 （ ）

答案：正确

28．使用电力通信工作票时，一份应保存在工作地点，由工作负责人收执，另一份由工作许可人收执。《安规》（电力通信部分）：3.2.4.4 （ ）

答案：正确

29．一张电力通信工作票中，工作许可人与工作负责人可以互相兼任。《安规》（电力通信部分）：3.2.4.5 （ ）

答案：错误

30．电力通信工作票由电力通信运维单位（部门）签发，不可由经电力通信运维单位（部门）审核批准的检修单位签发。《安规》（电力通信部分）：3.2.4.6 （ ）

答案：错误

31．一个工作负责人可以同时执行多张电力通信工作票。《安

规》（电力通信部分）：3.2.5.1　（　）

答案：错误

32．在变（配）电站、发电厂、电力线路之外的其他场所开展电力通信工作时，在安全措施可靠、不会误碰其他运行设备和线路的情况下，经工作票签发人同意可以单人工作。《安规》（电力通信部分）：3.2.5.2　（　）

答案：正确

33．需要变更工作班成员时，应经工作负责人同意，在对新的作业人员履行安全交底手续后，方可参与工作。《安规》（电力通信部分）：3.2.5.3　（　）

答案：正确

34．在应填用电力通信工作票的范围内进行通信故障紧急抢修时，填用电力通信工作票，电力通信工作票必须经书面签发。《安规》（电力通信部分）：3.2.5.6　（　）

答案：错误

35．已执行的电力通信工作票至少应保存两年。《安规》（电力通信部分）：3.2.5.7　（　）

答案：错误

36．电力通信工作票的有效期，以批准的检修时间为限。《安规》（电力通信部分）：3.2.6.1　（　）

答案：正确

37．办理电力通信工作票延期手续，应在电力通信工作票的有效期内，由工作负责人向工作许可人提出申请，得到同意后给予办理。《安规》（电力通信部分）：3.2.6.2　（　）

答案：正确

38．工作许可人应由有一定工作经验、熟悉工作范围内电力通信系统情况、熟悉本规程，并经电力通信运维部门批准的人员担任，名单无须公布。《安规》（电力通信部分）：3.2.7.3　（　）

答案：错误

39．工作许可人应在电力通信工作票所列的安全措施全部完成后，方可发出许可工作的命令。《安规》（电力通信部分）：3.3.1（　）

答案：正确

40．检修工作需其他调度机构或运行单位配合布置安全措施时，工作许可人应向该调度机构或运行单位的值班人员确认相关安全措施已完成后，方可许可工作。《安规》（电力通信部分）：3.3.2（　）

答案：正确

41．全部工作完毕后，工作人员不得删除工作过程中产生的临时数据、临时账号等内容。《安规》（电力通信部分）：3.4.1（　）

答案：错误

42．工作终结报告只能按当面报告的方式进行。《安规》（电力通信部分）：3.4.3（　）

答案：错误

43．需其他调度机构或运行单位配合布置安全措施的工作，工作许可人应与配合检修的调度机构或运行单位值班人员确认后，方可办理电力通信工作票终结。《安规》（电力通信部分）：3.4.4（　）

答案：正确

44．在电力通信系统上工作，工作前，无须对网管系统操作人员进行身份鉴别和授权。《安规》（电力通信部分）：4.2.1（　）

答案：错误

45．在电力通信系统上工作，授权应基于权限最小化和权限分离的原则。《安规》（电力通信部分）：4.2.2（　）

答案：正确

46．检修前，无须确认与检修对象相关系统运行正常。《安规》（电力通信部分）：4.3.1（　）

答案：错误

47．检修前，无须确认与检修对象具有主备（冗余）关系的

另一系统、通道、电源、板卡等运行正常。《安规》（电力通信部分）：4.3.2 （ ）

答案：错误

48．检修前，应确认需转移的业务已完成转移。与检修对象关联的检修工作已完成。《安规》（电力通信部分）：4.3.3 （ ）

答案：正确

49．检修前，应确认需停用的业务已经过相关业务部门同意。《安规》（电力通信部分）：4.3.4 （ ）

答案：正确

50．检修前，无须确认电力通信网运行中无其他影响本次检修的异常情况。《安规》（电力通信部分）：4.3.5 （ ）

答案：错误

51．巡视时不得改变电力通信系统或机房动力环境设备的运行状态。《安规》（电力通信部分）：5.1 （ ）

答案：正确

52．巡视时发现异常问题，应及时报告电力通信运维单位（部门）。《安规》（电力通信部分）：5.1 （ ）

答案：正确

53．巡视时，非紧急情况的异常问题处理，应获得电力通信运维单位（部门）批准。《安规》（电力通信部分）：5.1 （ ）

答案：正确

54．巡视时可未经批准，直接更改、清除电力通信系统或机房动力环境告警信息。《安规》（电力通信部分）：5.2 （ ）

答案：错误

55．电力通信网管巡视时应采用系统管理员级别或系统业务配置人员级别的账号登录。《安规》（电力通信部分）：5.3 （ ）

答案：错误

56．巡视机房时应随手关门。《安规》（电力通信部分）：5.4（ ）

答案：正确

57．安装电力通信设备前，宜对机房作业现场基本条件、电力通信电源负载能力等是否符合安全要求进行现场勘察。《安规》（电力通信部分）：6.1 （ ）

答案：正确

58．设备通电前，应验证供电线缆极性和输出电压。《安规》（电力通信部分）：6.2 （ ）

答案：错误

59．拔插设备板卡时，应做好防静电措施；存放设备板卡宜采用防静电屏蔽袋、防静电吸塑盒等防静电包装。《安规》（电力通信部分）：6.3 （ ）

答案：正确

60．电力通信设备除尘应使用合格的工器具和材料。《安规》（电力通信部分）：6.4 （ ）

答案：正确

61．在对使用光放大器的光传送段进行检修前，应打开放大器发光。《安规》（电力通信部分）：6.5 （ ）

答案：错误

62．在断开微波、卫星、无线专网等无线设备的天线与馈线的连接前，应打开发射单元。《安规》（电力通信部分）：6.6（ ）

答案：错误

63．在更换存储有运行数据的板件时，无须备份运行数据。《安规》（电力通信部分）：6.7 （ ）

答案：错误

64．业务通道投退时，应及时更新业务标识标签和相关资料。《安规》（电力通信部分）：6.8 （ ）

答案：正确

65．使用尾纤自环光口，发光功率过大时，应串入合适的衰耗（减）器。《安规》（电力通信部分）：6.9 （ ）

答案：正确

66．应急电力通信车调试、使用前只需良好接地，不用确认车辆底盘固定良好。《安规》（电力通信部分）：6.10　（　）

答案：错误

67．测量电力通信信号，应在仪表量程范围内进行。《安规》（电力通信部分）：6.11　（　）

答案：正确

68．敷设电力通信光缆前，宜对光缆路由走向、敷设位置、接续点环境、配套金具等是否符合安全要求进行现场勘察。《安规》（电力通信部分）：7.1　（　）

答案：正确

69．展放光缆的牵引力应该超过光缆的承受标准。《安规》（电力通信部分）：7.2　（　）

答案：错误

70．在竖井、桥架、沟道、管道、隧道内敷设光缆时，应有防止光缆损伤的防护措施。《安规》（电力通信部分）：7.3（　）

答案：正确

71．光缆接续前，禁止核对两端纤序。《安规》（电力通信部分）：7.4　（　）

答案：错误

72．严禁踩踏光缆接头盒、余缆及余缆架；但可以在光缆上堆放重物。《安规》（电力通信部分）：7.5　（　）

答案：错误

73．使用光时域反射仪（OTDR）进行光缆纤芯测试时，应先打开被测纤芯对端的电力通信设备和仪表。《安规》（电力通信部分）：7.6　（　）

答案：错误

74．普通架空光缆吊线禁止接地。《安规》（电力通信部分）：7.7　（　）

答案：错误

75．进行电力通信光缆接续工作时，工作场所周围简单装设遮栏（围栏、围网）即可。《安规》(电力通信部分)：7.8（　）

答案：错误

76．进行电力通信光缆接续工作时，因工作需要必须短时移动或拆除遮栏(围栏、围网)、标示牌时，应征得工作负责人同意，完毕后应立即恢复。《安规》(电力通信部分)：7.8（　）

答案：正确

77．电力通信网管的账号、权限可以使用开发或测试环境设置的账号。《安规》(电力通信部分)：8.1（　）

答案：错误

78．电力通信网管检修工作开始前，应对可能受到影响的配置数据、应用数据等进行备份。《安规》(电力通信部分)：8.2（　）

答案：正确

79．电力通信网管切换试验前，可删除数据。《安规》(电力通信部分)：8.3（　）

答案：错误

80．检修过程中发生数据异常或丢失，应进行恢复操作，并确认恢复操作后电力通信网管系统运行正常。《安规》(电力通信部分)：8.4（　）

答案：正确

81．检修工作结束前，若已备份的数据发生变化，应重新备份。《安规》(电力通信部分)：8.5（　）

答案：正确

82．检修工作结束前，若已备份的数据发生变化，无须重新备份，应立即删除。《安规》(电力通信部分)：8.5（　）

答案：错误

83．电力通信网管维护工作应通过互联网等公共网络实施。《安规》(电力通信部分)：8.6（　）

答案：错误

84．可以从任何公共网络直接接入电力通信网管系统。《安规》（电力通信部分）：8.6 （ ）

答案：错误

85．电力通信网管系统退出运行后所有业务数据应妥善保存或销毁。《安规》（电力通信部分）：8.7 （ ）

答案：正确

86．电力通信网管的数据备份应使用专用的外接存储设备。《安规》（电力通信部分）：8.8 （ ）

答案：正确

87．电力通信网管的数据备份应使用普通的外接存储设备。《安规》（电力通信部分）：8.8 （ ）

答案：错误

88．新增负载前，应核查电源负载能力，并确保各级开关容量匹配。《安规》（电力通信部分）：9.1.1 （ ）

答案：正确

89．拆接负载电缆前，应断开电源的输出开关。《安规》（电力通信部分）：9.1.2 （ ）

答案：正确

90．拆接负载电缆前，应打开电源的输出开关。《安规》（电力通信部分）：9.1.2 （ ）

答案：错误

91．直流电缆接线前，应校验线缆两端极性。《安规》（电力通信部分）：9.1.3 （ ）

答案：正确

92．裸露电缆线头应做绝缘处理。《安规》（电力通信部分）：9.1.4 （ ）

答案：正确

93．裸露电缆线头不用做任何处理。《安规》（电力通信部分）：9.1.4 （ ）

答案：错误

94．电源设备断电检修前，不用确认负载已转移或关闭。《安规》（电力通信部分）：9.2.1 （ ）

答案：错误

95．双路交流输入切换试验前，应验证两路交流输入、蓄电池组和连接蓄电池组的直流接触器正常工作，但无须做好试验过程监视。《安规》（电力通信部分）：9.2.2 （ ）

答案：错误

96．配置旁路检修开关的不间断电源设备检修时，应严格执行停机及断电顺序。《安规》（电力通信部分）：9.2.3 （ ）

答案：正确

97．可以随意修改运行中电源设备运行参数。《安规》（电力通信部分）：9.2.4 （ ）

答案：错误

98．直流开关或熔断器未断开前，不得断开蓄电池之间的连接。《安规》（电力通信部分）：9.3.1 （ ）

答案：正确

99．安装或拆除蓄电池连接铜排或线缆时，应使用经绝缘处理的工器具，严禁将蓄电池正负极短接。《安规》（电力通信部分）：9.3.2 （ ）

答案：正确

100．蓄电池组接入电源时，应检查电池极性，并确认蓄电池组电压与整流器输出电压匹配。《安规》（电力通信部分）：9.3.3 （ ）

答案：正确

第七章

国家电网公司电力安全工作规程（信息部分）

第一节 选 择 题

1．试验和推广信息新技术，应制定相应的（　　），经本单位批准后执行。《安规》(信息部分)：1.7

A．安全措施；B．安全规程；C．技术措施；D．组织措施。

答案：A

2．作业人员对本规程应每年考试一次。因故间断信息工作连续（　　）以上者，应重新学习本规程，并经考试合格后，方可恢复工作。《安规》(信息部分)：2.1.3

A．一个月；B．三个月；C．六个月；D．一年。

答案：C

3．信息作业现场的（　　）和安全设施等应符合有关标准、规范的要求。《安规》(信息部分)：2.2.1

A．生产条件；B．工作环境；

C．安全工器具；D．防护用品。

答案：A

4．现场使用的工器具、调试计算机（或其他专用设备）、外接存储设备、软件工具等应符合有关（　　）。《安规》(信息部分)：2.2.2

A．技术要求；B．安全要求；C．加密要求；D．认证要求。

答案：B

5．管理信息内网与外网之间、管理信息大区与生产控制大区之间的边界应采用（　　）认可的隔离装置进行安全隔离。《安规》(信息部分)：2.3.1

A．国务院；B．国家能源局；
C．国家电网有限公司；D．国网电科院。
答案：C
6．信息系统应满足相应的信息（　　）保护要求。《安规》（信息部分）：2.3.2
A．重要等级；B．保密等级；C．安全等级；D．业务类别。
答案：C
7．业务系统上线前，应在具有资质的测试机构进行（　　），并取得检测合格报告。《安规》（信息部分）：2.3.3
A．系统测试；B．功能测试；C．性能测试；D．安全测试。
答案：D
8．地市供电公司级以上单位信息网络的汇聚层网络设备的投运、检修工作应（　　）。《安规》（信息部分）：3.2.3
A．填用信息工作任务单；
B．填用信息工作票；
C．填用信息工作任务单或信息工作票；
D．使用其他书面记录或按口头、电话命令执行。
答案：C
9．县供电公司级单位核心层网络设备、上联网络设备和安全设备的投运、检修工作应（　　）。《安规》（信息部分）：3.2.3
A．填用信息工作任务单；
B．填用信息工作票；
C．填用信息工作任务单或信息工作票；
D．使用其他书面记录或按口头、电话命令执行。
答案：C
10．县供电公司级信息机房不间断电源的检修工作应（　　）。《安规》（信息部分）：3.2.3
A．填用信息工作任务单；
B．填用信息工作票；

C．填用信息工作任务单或信息工作票；

D．使用其他书面记录或按口头、电话命令执行。

答案：C

11．信息工作票一份由工作负责人收执，另一份由（　　）收执。《安规》（信息部分）：3.2.5.4

A．工作票签发人；B．工作许可人；

C．工作班成员；D．小组负责人。

答案：B

12．信息工作任务单一份由工作负责人收执，另一份由（　　）收执。《安规》（信息部分）：3.2.5.4

A．工作票签发人；B．工作许可人；

C．工作班成员；D．小组负责人。

答案：A

13．需要变更工作班成员时，应经（　　）同意并记录在工作票备注栏中。《安规》（信息部分）：3.2.6.2

A．工作票签发人；B．工作许可人；

C．工作负责人；D．小组负责人。

答案：C

14．工作负责人一般不得变更，如确需变更的，应由原（　　）同意并通知工作许可人。《安规》（信息部分）：3.2.6.2

A．工作票签发人；B．工作许可人；

C．工作班成员；D．工作负责人。

答案：A

15．信息系统故障紧急抢修时，工作票可不经工作票签发人书面签发，但应经（　　）同意，并在工作票备注栏中注明。《安规》（信息部分）：3.2.6.5

A．工作票签发人；B．工作许可人；

C．工作班成员；D．工作负责人。

答案：A

16. 已执行的信息工作票、信息工作任务单至少应保存（　　）。《安规》（信息部分）：3.2.6.6

A. 一个月；B. 三个月；C. 六个月；D. 一年。

答案：D

17. 确认工作必要性和安全性是（　　）的安全责任。《安规》（信息部分）：3.2.9.2

A. 工作票签发人；B. 工作许可人；

C. 工作班成员；D. 工作负责人。

答案：A

18. 检查工作票所列安全措施是否正确完备，是否符合现场实际条件，必要时予以补充完善，是（　　）的安全责任。《安规》（信息部分）：3.2.9.2

A. 工作票签发人；B. 工作许可人；

C. 工作班成员；D. 工作负责人。

答案：D

19. 确定需监护的作业内容，并监护工作班成员认真执行，是（　　）的安全责任。《安规》（信息部分）：3.2.9.2

A. 工作票签发人；B. 工作许可人；

C. 专责监护人；D. 工作负责人。

答案：D

20. 检修工作需其他调度机构配合布置安全措施时，应由（　　）向相应调度机构履行申请手续，并确认相关安全措施已完成后，方可办理工作许可手续。《安规》（信息部分）：3.3.3

A. 工作票签发人；B. 工作许可人；

C. 专责监护人；D. 工作负责人。

答案：B

21. 许可开始工作的命令应通知到（　　）。《安规》（信息部分）：3.3.4

A. 工作票签发人；B. 工作许可人；

C．专责监护人；D．工作负责人。

答案：D

22．工作前，作业人员应进行身份鉴别和（　　）。《安规》（信息部分）：4.2.1

A．授权；B．备份；C．验证；D．检查。

答案：A

23．（　　）应基于权限最小化和权限分离的原则。《安规》（信息部分）：4.2.2

A．授权；B．备份；C．验证；D．检查。

答案：A

24．信息系统检修工作开始前，应（　　）可能受到影响的配置文件、业务数据、运行参数和日志文件等。《安规》（信息部分）：4.3

A．授权；B．备份；C．验证；D．检查。

答案：B

25．中间件检修前，应（　　）配置文件。《安规》（信息部分）：4.3.4

A．授权；B．备份；C．验证；D．检查。

答案：B

26．检修前，应（　　）检修对象及受影响对象的运行状态，并核对运行方式与检修方案是否一致。《安规》（信息部分）：4.4.1

A．授权；B．备份；C．验证；D．检查。

答案：D

27．设备、业务系统接入公司网络应经（　　）批准，并严格遵守公司网络准入要求。《安规》（信息部分）：5.1

A．信息运维单位（部门）；

B．业务主管部门（业务归口管理部门）；

C．公司；

D．相关部门。

答案：A

28．提供网络服务或扩大网络边界应经（　　）批准。《安规》（信息部分）：5.2

A．信息运维单位（部门）；

B．业务主管部门（业务归口管理部门）；

C．公司；

D．相关部门。

答案：A

29．管理信息大区业务系统使用（　　）传输业务信息时，应具备接入认证、加密等安全机制。《安规》（信息部分）：5.4

A．光纤网络；B．无线网络；C．4G；D．5G。

答案：B

30．管理信息大区业务系统使用无线网络传输业务信息时，应具备接入认证、加密等安全机制；接入信息内网时，应使用（　　）认可的接入认证、隔离、加密等安全措施。《安规》（信息部分）：5.4

A．信息运维单位（部门）；

B．业务主管部门（业务归口管理部门）；

C．公司；

D．相关部门。

答案：C

31．信息系统远程检修应使用运维专机，并使用加密或专用的传输协议。检修宜通过具备（　　）功能的设备开展。《安规》（信息部分）：5.6

A．加密认证；B．存储记忆；C．运维审计；D．入侵检测。

答案：C

32．业务数据的导入导出应经过（　　）批准，导出后的数据应妥善保管。《安规》（信息部分）：5.7

A．信息运维单位（部门）；

B．业务主管部门（业务归口管理部门）；

C．公司；

D．相关部门。

答案：B

33．影响其他设备正常运行的故障设备应及时（　　）。《安规》（信息部分）：5.9

A．脱网（隔离）；B．关机；C．检修；D．确认故障原因。

答案：A

34．巡视时不得改变信息系统或（　　）的运行状态。《安规》（信息部分）：6.1.1

A．机房动力设备；B．机房环境设备；

C．机房动力环境设备；D．机房环境动力设备。

答案：C

35．安全设备特征库应（　　）更新。《安规》（信息部分）：6.2

A．不定期；B．定期；C．每天；D．每月。

答案：B

36．信息系统的配置、业务数据等应定期备份，备份的数据宜定期进行（　　）。《安规》（信息部分）：6.3

A．授权；B．备份；C．验证；D．检查。

答案：C

37．更换网络设备或安全设备的热插拔部件、内部板卡等配件时，应做好（　　）。《安规》（信息部分）：7.1

A．防静电措施；B．防触电措施；C．绝缘措施；D．记录。

答案：A

38．网络设备或安全设备检修工作结束前，应验证设备及所承载的业务运行正常，（　　）符合要求。《安规》（信息部分）：7.2

A．配置策略；B．安全策略；C．技术措施；D．安全措施。

答案：A

39．需停电更换主机设备或存储设备的内部板卡等配件的工作，应断开外部电源连接线，并做好（　　）。《安规》（信息部分）：8.2

A．防静电措施；B．防触电措施；C．绝缘措施；D．记录。

答案：A

40．数据库投运前，应按需配置访问数据库的（　　）。《安规》(信息部分)：9.1

A．MAC 地址；B．IP 地址；C．链路地址；D．访问账号。

答案：B

41．业务系统（　　）后，所有业务数据应妥善保存或销毁。《安规》(信息部分)：10.2

A．上线；B．下线；C．离线；D．检修。

答案：B

42．配置（　　）的不间断电源设备检修时，应严格执行停机及断电顺序。《安规》(信息部分)：11.2.2

A．旁路检修开关；B．整流器；

C．逆变器；D．静态旁路开关。

答案：A

43．蓄电池组接入电源前，应确认蓄电池组正负极性与（　　）直流输出正负极性对应。《安规》(信息部分)：11.3.3

A．旁路检修开关；B．整流器；

C．逆变器；D．静态旁路开关。

答案：B

44．在管理信息内网终端设备上启用无线通信功能应经（　　）批准。《安规》(信息部分)：12.5

A．信息运维单位（部门）；

B．业务主管部门（业务归口管理部门）；

C．公司；

D．相关部门。

答案：A

45．报废终端设备、员工离岗离职时留下的终端设备应交由（　　）处理。《安规》(信息部分)：12.8

A．信息运维单位（部门）；

B．业务主管部门（业务归口管理部门）；

C．公司；

D．相关部门。

答案：D

第二节　判　断　题

1．为加强信息作业管理，规范各类人员行为，保证信息系统及数据安全，依据国家有关法律、法规，结合信息作业实际，制定本规程。《安规》(信息部分)：1.1　（　）

答案：正确

2．从事信息相关工作的所有人员应严格遵守本规程。《安规》(信息部分)：1.3　（　）

答案：错误

3．任何人发现有违反本规程的情况，应立即制止，经纠正后方可恢复作业。作业人员有权拒绝违章指挥和强令冒险作业；在发现危及信息系统和数据安全的紧急情况时，有权停止作业，并立即报告。《安规》(信息部分)：1.6　（　）

答案：错误

4．作业人员应具备必要的信息专业知识，掌握信息专业工作技能，且按工作性质，熟悉本规程的相关部分，并经考试合格。《安规》(信息部分)：2.1.2　（　）

答案：正确

5．作业人员对本规程应每年考试一次。因故间断信息工作连续三个月以上者，应重新学习本规程，并经考试合格后，方可恢复工作。《安规》(信息部分)：2.1.3　（　）

答案：错误

6．作业人员对本规程应每两年考试一次。因故间断信息工作

连续六个月以上者，应重新学习本规程，并经考试合格后，方可恢复工作。《安规》(信息部分)：2.1.3 ( )

答案：错误

7．参与公司信息工作的外来作业人员应熟悉本规程，经考试合格，并经信息运维单位（部门）认可后，方可参加工作。《安规》(信息部分)：2.1.4 ( )

答案：正确

8．参与公司信息工作的外来作业人员应熟悉本规程，经信息运维单位（部门）认可后，方可参加工作。《安规》(信息部分)：2.1.4 ( )

答案：错误

9．新参加工作的人员、实习人员和临时参加工作的人员（管理人员、非全日制用工等）应经过信息安全知识教育，并经考试合格后，方可参加指定的工作。《安规》(信息部分)：2.1.5 ( )

答案：错误

10．作业人员应被告知其作业现场和工作岗位存在的安全风险、安全注意事项、事故防范及紧急处理措施。《安规》(信息部分)：2.1.6 ( )

答案：正确

11．现场使用的工器具、调试计算机（或其他专用设备）、外接存储设备、软件工具等应符合有关安全要求。《安规》(信息部分)：2.2.2 ( )

答案：正确

12．机房及相关设施的接地电阻、过电流保护性能应符合有关标准、规范的要求。《安规》(信息部分)：2.2.4 ( )

答案：错误

13．机房及相关设施应配备防盗、防小动物等安全设施。《安规》(信息部分)：2.2.5 ( )

答案：错误

14．管理信息内网与外网之间、管理信息大区与生产控制大区之间的边界应采用国家电网公司认可的隔离装置进行安全隔离。《安规》（信息部分）：2.3.1　（　）

答案：正确

15．业务系统的上下线工作使用其他书面记录或按口头、电话命令执行。《安规》（信息部分）：3.2.2　（　）

答案：错误

16．一、二类业务系统的版本升级、漏洞修复、数据操作等检修工作应填用信息工作票。《安规》（信息部分）：3.2.2　（　）

答案：正确

17．承载一、二类业务系统的主机设备、数据库、中间件、存储设备、网络设备及相应安全设备的投运、检修工作应填用信息工作票。《安规》（信息部分）：3.2.2　（　）

答案：正确

18．地市供电公司级以上单位信息网络的核心层网络设备、上联网络设备和安全设备的投运、检修工作应填用信息工作票。《安规》（信息部分）：3.2.2　（　）

答案：正确

19．地市供电公司级以上单位信息机房不间断电源的检修工作应填用信息工作任务单。《安规》（信息部分）：3.2.2　（　）

答案：错误

20．三类业务系统的版本升级、漏洞修复、数据操作等检修工作应填用信息工作票。《安规》（信息部分）：3.2.3　（　）

答案：错误

21．按口头、电话命令执行的工作应留有书面派工记录。《安规》（信息部分）：3.2.4　（　）

答案：错误

22．工作票必须由工作负责人填写。《安规》（信息部分）：3.2.5.1　（　）

答案：错误

23. 工作票应使用统一的票面格式，采用计算机生成、打印或手工方式填写，至少一式两份。采用手工填写时，应使用黑色或蓝色的钢（水）笔或圆珠笔填写与签发。工作票编号应连续。《安规》（信息部分）：3.2.5.2 （ ）

答案：正确

24. 工作票由工作票签发人审核后方可执行。《安规》（信息部分）：3.2.5.3 （ ）

答案：错误

25. 信息工作票一份由工作负责人收执，另一份由工作票签发人收执。信息工作任务单一份由工作负责人收执，另一份由工作许可人收执。《安规》（信息部分）：3.2.5.4 （ ）

答案：错误

26. 工作票由信息运维单位（部门）签发，也可由经信息运维单位（部门）审核批准的检修单位签发。《安规》（信息部分）：3.2.5.6 （ ）

答案：正确

27. 一个工作负责人不能同时执行多张信息工作票（工作任务单）。《安规》（信息部分）：3.2.6.1 （ ）

答案：正确

28. 在原工作票的安全措施范围内增加工作任务时，应由工作负责人征得工作票签发人或工作许可人同意，并在工作票上增填工作项目。《安规》（信息部分）：3.2.6.3 （ ）

答案：错误

29. 信息系统故障紧急抢修时，工作票可不经工作票签发人书面签发，但应经工作票签发人同意，并在工作票备注栏中注明。《安规》（信息部分）：3.2.6.5 （ ）

答案：正确

30. 已执行的信息工作票、信息工作任务单至少应保存半年。

《安规》（信息部分）：3.2.6.6　（　）

答案：错误

31．办理信息工作票延期手续，应在信息工作票的有效期内，由工作负责人向工作票签发人提出申请，得到同意后给予办理。《安规》（信息部分）：3.2.7.2　（　）

答案：错误

32．办理信息工作任务单延期手续，应在信息工作任务单的有效期内，由工作负责人向工作票签发人提出申请，得到同意后给予办理。《安规》（信息部分）：3.2.7.2　（　）

答案：正确

33．工作负责人应由熟悉作业人员技术水平、熟悉相关信息系统情况、熟悉本规程，并具有相关工作经验的领导人、技术人员或经信息运维单位批准的人员担任，名单应公布。检修单位的工作票签发人名单应事先送相关信息运维单位备案。《安规》（信息部分）：3.2.8.1　（　）

答案：错误

34．工作票签发人应由有本专业工作经验、熟悉工作范围内信息系统情况、熟悉本规程、熟悉工作班成员工作能力，并经信息运维部门批准的人员担任，名单应公布。检修单位的工作负责人名单应事先送相关信息运维部门备案。《安规》（信息部分）：3.2.8.2　（　）

答案：错误

35．工作许可人应由有一定工作经验、熟悉工作范围内信息系统情况、熟悉本规程，并经信息运维部门批准的人员担任，名单应公布。《安规》（信息部分）：3.2.8.3　（　）

答案：正确

36．确认工作票上所填安全措施是否正确完备是工作负责人的安全责任。《安规》（信息部分）：3.2.9.2　（　）

答案：错误

37．监督工作班成员遵守本规程，正确使用工器具、调试计算机（或其他专用设备）、外接存储设备以及软件工具等是工作负责人的安全责任。《安规》（信息部分）：3.2.9.2 （　）

答案：正确

38．正确使用工器具、调试计算机（或其他专用设备）、外接存储设备以及软件工具等是工作班成员的安全责任。《安规》（信息部分）：3.2.9.4 （　）

答案：正确

39．工作许可人在向工作负责人发出许可工作的命令前，应记录工作负责人姓名、工作地点和工作任务。《安规》（信息部分）：3.3.2 （　）

答案：错误

40．当面许可时，工作负责人应在信息工作票上记录许可时间，并签名。《安规》（信息部分）：3.3.4.1 （　）

答案：错误

41．使用信息工作任务单的工作，可不办理工作许可手续。《安规》（信息部分）：3.3.5 （　）

答案：正确

42．填用信息工作票的工作，工作负责人应得到工作许可人的许可后，方可开始工作。《安规》（信息部分）：3.3.6 （　）

答案：错误

43．全部工作完毕后，工作班应删除工作过程中产生的临时数据、临时账号等内容，确认信息系统运行正常，清扫、整理现场，全体工作班人员撤离工作地点。《安规》（信息部分）：3.4.1（　）

答案：正确

44．使用信息工作票的工作，工作负责人应向工作许可人交待工作内容、发现的问题、验证结果和存在的问题等，并会同工作许可人进行运行方式检查、状态确认和功能检查，确认无遗留物件后方可办理工作终结手续。《安规》（信息部分）：3.4.2（　）

答案：正确

45．授权应基于权限最小化和权限集中的原则。《安规》（信息部分）：4.2.2（　　）

答案：错误

46．信息系统检修工作开始前，应备份可能受到影响的配置文件、业务数据、运行参数和日志文件等。《安规》（信息部分）：4.3（　　）

答案：正确

47．检修前，在冗余系统（双/多机、双/多节点、双/多通道或双/多电源）中将检修设备切换成检修状态时，应确认其余主机、节点、通道或电源正常运行。《安规》（信息部分）：4.4.2（　　）

答案：正确

48．检修工作如需停运数据库、中间件，应确认所承载的业务可停用。《安规》（信息部分）：4.4.5（　　）

答案：错误

49．升级操作系统、数据库或中间件版本前，应确认其兼容性及对业务系统的影响。《安规》（信息部分）：4.4.6（　　）

答案：正确

50．设备、业务系统接入公司网络应经信息运维单位（部门）批准，并严格遵守公司网络准入要求。《安规》（信息部分）：5.1（　　）

答案：正确

51．提供网络服务应经信息运维单位（部门）批准。《安规》（信息部分）：5.2（　　）

答案：错误

52．禁止从任何公共网络直接接入管理信息内网。系统维护工作可通过互联网等公共网络实施。《安规》（信息部分）：5.3（　　）

答案：错误

53．生产控制大区业务系统使用无线网络传输业务信息时，应具备接入认证、加密等安全机制；接入信息内网时，应使用公司认可的接入认证、隔离、加密等安全措施。《安规》（信息部分）：5.4 （ ）

答案：错误

54．信息系统上线前，应删除临时账号、临时数据，并修改系统账号默认口令。《安规》（信息部分）：5.5 （ ）

答案：正确

55．信息系统远程检修应使用运维专机，并使用加密或专用的传输协议。检修应通过具备运维审计功能的设备开展。《安规》（信息部分）：5.6 （ ）

答案：错误

56．业务数据的导入导出应经过信息运维单位（部门）批准，导出后的数据应妥善保管。《安规》（信息部分）：5.7 （ ）

答案：错误

57．禁止泄露、篡改、恶意损毁用户信息。《安规》（信息部分）：5.8 （ ）

答案：正确

58．影响其他设备正常运行的故障设备应及时修理。《安规》（信息部分）：5.9 （ ）

答案：错误

59．信息设备变更用途或下线，宜擦除或销毁其中数据。《安规》（信息部分）：5.10 （ ）

答案：错误

60．信息系统的过期账号及其权限不必注销或调整。《安规》（信息部分）：5.11 （ ）

答案：错误

61．检修工作完成后应收回临时授权。《安规》（信息部分）：5.12 （ ）

答案：正确

62．巡视时不得改变信息系统或机房动力环境设备的运行状态。《安规》（信息部分）：6.1.1 （ ）

答案：正确

63．巡视时发现异常问题，应及时报告信息运维单位（部门）；紧急情况的处理，应获得信息运维单位（部门）批准。《安规》（信息部分）：6.1.2 （ ）

答案：错误

64．巡视时不得更改、清除信息系统和机房动力环境告警信息。《安规》（信息部分）：6.1.3 （ ）

答案：正确

65．安全设备特征库应不定期更新。《安规》（信息部分）：6.2 （ ）

答案：错误

66．信息系统的配置、业务数据等应定期备份，备份的数据应定期进行验证。《安规》（信息部分）：6.3 （ ）

答案：错误

67．信息系统的账号、权限应统一分配。《安规》（信息部分）：6.4 （ ）

答案：错误

68．更换网络设备或安全设备的热插拔部件、内部板卡等配件时，应做好防触电措施。《安规》（信息部分）：7.1 （ ）

答案：错误

69．网络设备或安全设备检修工作结束前，应验证设备及所承载的业务运行正常，配置策略符合要求。《安规》（信息部分）：7.2 （ ）

答案：正确

70．更换主机设备或存储设备的热插拔部件时，应做好防静电措施。《安规》（信息部分）：8.1 （ ）

答案：正确

71．需停电更换主机设备或存储设备的内部板卡等配件的工作，应断开外部电源连接线。《安规》(信息部分)：8.2　(　)

答案：错误

72．主机设备或存储设备检修工作结束前，应验证所承载的业务运行正常。《安规》(信息部分)：8.3　(　)

答案：正确

73．数据库投运前，应按需配置访问数据库的 IP 地址。《安规》(信息部分)：9.1　(　)

答案：正确

74．进行数据库操作时，不宜使用可能导致数据库宕机的工具。《安规》(信息部分)：9.2　(　)

答案：错误

75．数据库检修工作结束前，应验证相关的业务系统运行正常。《安规》(信息部分)：9.3　(　)

答案：正确

76．业务系统版本升级后，应验证业务系统运行正常。《安规》(信息部分)：10.1　(　)

答案：错误

77．业务系统下线后，所有业务数据应销毁。《安规》(信息部分)：10.2　(　)

答案：错误

78．中间件检修工作结束后，应验证所承载的业务系统运行正常。《安规》(信息部分)：10.3　(　)

答案：错误

79．新增负载前，应核查电源负载能力。《安规》(信息部分)：11.1.1　(　)

答案：正确

80．拆接负载电缆前，应断开负载端电源开关。《安规》(信息部分)：11.1.2　(　)

答案：正确

81．裸露电缆线头应做绑扎处理。《安规》（信息部分）：11.1.3　（　）

答案：错误

82．不间断电源设备断电检修前，应先确认负荷已经关闭。《安规》（信息部分）：11.2.1　（　）

答案：错误

83．配置旁路检修开关的不间断电源设备检修时，应严格执行停机及断电顺序。《安规》（信息部分）：11.2.2　（　）

答案：正确

84．直流开关或熔断器未断开前，不得断开蓄电池之间的连接。《安规》（信息部分）：11.3.1　（　）

答案：正确

85．拆除蓄电池连接铜排或线缆宜使用经绝缘处理的工器具。《安规》（信息部分）：11.3.2　（　）

答案：错误

86．蓄电池组接入电源前，应确认蓄电池组正负极性与整流器直流输出正负极性相反，蓄电池组电压与整流器输出电压匹配。《安规》（信息部分）：11.3.3　（　）

答案：错误

87．蓄电池组接入电源前，应确认蓄电池组正负极性与整流器直流输出正负极性对应，蓄电池组电压与整流器输出电流匹配。《安规》（信息部分）：11.3.3　（　）

答案：错误

88．终端设备用户应妥善保管账号及密码，不得随意授予他人。《安规》（信息部分）：12.1　（　）

答案：正确

89．允许终端设备在管理信息内、外网之间交叉使用。《安规》（信息部分）：12.2　（　）

答案：错误

90．办公计算机应安装防病毒、桌面管理等安全防护软件。《安规》（信息部分）：12.3 （　　）

答案：正确

91．卸载或禁用计算机防病毒、桌面管理等安全防护软件，以及拆卸、更换终端设备硬件应经信息运维单位（部门）批准。《安规》（信息部分）：12.4 （　　）

答案：正确

92．在管理信息外网终端设备上启用无线通信功能应经信息运维单位（部门）批准。《安规》（信息部分）：12.5 （　　）

答案：错误

93．现场采集终端设备的通信卡启用互联网通信功能应经信息运维单位（部门）批准。《安规》（信息部分）：12.6 （　　）

答案：错误

94．终端设备及外围设备交由外部单位维修处理应经信息运维单位（部门）批准。《安规》（信息部分）：12.7 （　　）

答案：正确

95．报废终端设备、员工离岗离职时留下的终端设备应自行处理。《安规》（信息部分）：12.8 （　　）

答案：错误

96．试验和推广信息新技术，应制定相应的安全措施，经本单位批准后执行。《安规》（信息部分）：1.7 （　　）

答案：正确

97．信息作业现场的生产条件和安全设施等应符合有关标准、规范的要求。《安规》（信息部分）：2.2.1 （　　）

答案：正确

98．机房内的温度、湿度、防静电设施及消防系统应符合有关标准、规范的要求。《安规》（信息部分）：2.2.3 （　　）

答案：错误

99．信息系统应满足相应的信息安全等级保护要求。《安规》（信息部分）：2.3.2　（　）

答案：正确

100．业务系统上线前，应在专门的测试机构进行安全测试，并取得检测合格报告。《安规》（信息部分）：2.3.3　（　）

答案：错误

101．在信息系统上工作，保证安全的组织措施：授权、备份、验证。《安规》（信息部分）：3.1　（　）

答案：错误

102．一张信息工作票中，工作许可人与工作负责人不得互相兼任。一张信息工作任务单中，工作票签发人与工作负责人不得互相兼任。《安规》（信息部分）：3.2.5.5　（　）

答案：正确

103．工作票有污损可以继续使用时，但应保证字迹清晰。《安规》（信息部分）：3.2.6.4　（　）

答案：错误

104．工作票的有效期，以签发的时间为限。《安规》（信息部分）：3.2.7.1　（　）

答案：错误

105．禁止约时开始或终结工作。《安规》（信息部分）：3.3.7　（　）

答案：正确